KB193783

베란다에서 텃밭까지 보통 식물들의 생활 속 재발견

베란다 식물학

베란다에서 텃밭까지 보통 식물들의 생활 속 재발견

베란다 식물학

이 완 주 지음

GEOBOOK 지오북

들어가는 글

꽃은 아름답다. 나무도 아름답다. 미녀만큼 아름답다.

그렇게 아름다운 꽃과 나무를 발가벗기고 헤집어 들여다보았다. 마치 아름다운 미녀를 한 꺼풀 벗겨서 들여다보는 것처럼 말이다. 서양속담에서 '아름다움은 피부 한 겹뿐이다Beauty is only skin deep.'라고 한 것처럼 한꺼풀 벗긴 미녀에게서 무슨 아름다움을 볼 수 있을까? 발가벗긴 꽃이며 나무에서 무슨 아름다움을 찾을 수 있을까? 헌데 아름다움을 뛰어넘는 신비를 발견했다.

1987년 미국의 미네소타주립대학에 연구차 1년을 머문 적이 있다. 미네소타주립대학은 소련의 블라디보스토크와 같은 위도로 한겨울의 체감온도가 영하 40도까지 내려가 일본의 홋카이도대학과 함께 세계적으로 식물의 동해凍害 연구가 유명한 곳이다. 나는 그 당시 농촌진흥청에서 뽕나무에 대한 연구를 하고 있었는데 '겨울이 되면 북쪽 강원도에서 남쪽 경상도까지 뽕나무가 얼어 죽는 원인이 무엇인가? 죽지 않게 하려면 어떻게 해야 하나?'라는 숙제를 안고 연구 차 갔다. 결국 수많은 반복 실험으로 가을에 뽕잎을 지나치게 따서 뽕나무가 월동 양분을 저장하지 못했기 때문이라는 것을 밝혀냈다.

그리고 한국에 돌아온 지 4년째 되던 해에 미국에 머물렀던 시절에 사귀었던 분으로부터 소포가 왔다. 미국에서는 식물에게 음악을 들려주어 큰 성과를 거두고 있어 테이프를 보내니 실험을 해보라는 내용이었다. 황당한 이야기지만 외경畏敬하는 사이인지라 '그렇게 하겠습니다'라고 대답하는 바람에 발목이 잡혀 실험

을 할 수밖에 없었다. 그런데 '귀도 없는 것들이 어떻게 음악을 들어?'라는 내 고
정관념을 뒤엎고 음악을 들려준 식물은 더 빨리 더 많이 크고, 더 달고 더 많은
열매를 맺었다. 병과 해충이 덜 덤벼서 농약도 훨씬 덜 뿌렸다. 무엇보다도 음악
을 듣고 자라는 식물들은 더 풋풋하고 서로 감싸안으며, 어우러져 크는 모습이
아름다웠다. 나는 혼자 중얼거렸다.

"식물도 정말 음악을 듣는군!"

그렇게 식물에 대한 나의 고정관념이 깨지고 나서야 드디어 식물의 또 다른 모
습을 보게 되었다. 그런데 사람들은 내 말을 믿지 않았다. 나는 오기가 생겼다.
우리가 식물에 대해 알고 있었던 사실들과 우리가 알지 못했거나 오해하고 있는
것들을 확인하기 위해 책을 읽고, 실험도 하고, 또 주변의 식물들을 주의 깊게 관
찰했다. 대학원에서 식물생리학과 식물영양학, 토양학을 연구하고, 농촌진흥청
에서 34년을 근무하면서 접했던 식물에 대한 수많은 경험, 한국자생식물보존회
에서 20년 이상 활동한 경험이 식물을 관찰하는 데 큰 도움이 되었다.

이렇게 해서 터득한 사실들을 어떻게 하면 사람들에게 쉽고 재미있게 알려줄
수 있을까 생각을 하다가 어린 시절의 추억 속에서 혹은 우리 집 주변에서 만났
던 친근한 식물들에 대입해 식물의 생리와 생태를 흥미롭게 풀어 글을 써 나갔
다. 때론 우리 집 베란다에서 화초를 키워 얻은 결과를 알기 쉽게 설명해 나갔다.
식물들의 이야기로 시작했지만 어느새 우리 삶의 이야기가 배어 나왔다.

이 글을 농촌여성신문에 「식물 이야기」라는 제목으로 한 주 한 주 게재했고,
우리 집 베란다나 주변에서 볼 수 있는 식물 이야기에 독자들은 뜻밖의 많은 관심
을 보였다. 오래전부터 교류하고 있는 지오북의 황영심 사장에게 출판 제의를 하
였더니 흔쾌하게 받아주어 드디어 『베란다 식물학』이 나오게 되었다. 황영심 사
장과 함께 연재의 기회를 주신 농촌여성신문사 채희걸 회장께 감사드린다. 또한
막힐 때마다 자문을 해준 국립원예특작과학원 이동우 박사에게도 감사드린다.

2012년 5월

이 완 주

contents

베란다에서 키우기 좋은 식물 ICON

 온도　　 물 주기　　 꽃　　 열매　　 심기　　수확

CHAPTER. ONE + +

베란다에 있는 고무나무가 창 쪽으로 기울었다. 창을 향해 무성하게 자란 잎은 이산화탄소, 물, 햇빛을 한데 묶어 영양분을 만들고, 부족한 양분을 빨아들이거나 노폐물을 내보낸다. 그리고 저마다 자신만의 역할을 담당하다가 결국 새잎을 위해 제 양분마저 남기고 떠난다. 우리도 잎처럼 자신의 마지막까지 최선을 다하는 일이야말로 인생을 행복하게 만드는 길이 아닐까?

새잎이
돋아나면
묵은 잎이
떨어진다

햇빛을 향하는
나무의 진실 〉〉〉

우리 집 고무나무는 창밖만 내다봐

우리 집 베란다에서 6년 동안 자라고 있는 벤자민고무나무는 친구가 새집으로 이사했다고 보내 준 것이다. 처음에는 똑바로 서 있었는데 어느 사이에 점점 창 쪽으로 줄기가 기울어갔다. 잔가지들도 안쪽으로는 빈약한 데 비해 창 쪽으로는 왕성하게 뻗어 나오고 잎도 훨씬 더 많이 달려 창문을 다 덮어 버렸다. 창으로 향해 있는 고무나무는 마치 목을 빼고 로미오를 기다리는 줄리엣 같다고나 할까. 창 쪽으로 기우는 바람에 화분의 안 뒤쪽에 손바닥이 들어갈 정도로 틈이 벌어지고, 앞으로 넘어질 것 같아 화분 앞쪽의 밑바닥을 나무토막으로 괴어 놓았다. 그런데 신기한 현상은 저도 쓰러지지 않으려고 숙인 쪽의 줄기로부터 뿌리를 뻗어 내려 버팀대를 만들어 버티고 있다는 것이다.

옆에 있던 소철도 처음에는 바로 서 있었는데, 세월이 흐르면서 해바라기처럼 창 쪽으로 얼굴을 돌리고 있는 것을 보니, '식물도 움직인다'는 사실이 새삼스럽다. 식물이 목을 길게 빼고 간절한 모습으로 태양을 향하는 것을 보면 햇빛을 좋아하는 것이 분명하다. 왜 그럴까? 식물에게 햇빛은 생명이나 다름없다. 햇빛 없이는 양식을 만들 수 없기 때문이다.

우리는 매일 적어도 한 끼 정도는 쌀밥을 먹는다. 그 쌀의 원료는 무엇일까? 쌀은 벼가 만들어낸 것인데, 그렇다면 벼는 무엇으로 쌀을 만들까? 답은 아주 간단하다. 공기 중에 0.03%쯤 들어 있는 이산화탄소와 물이 원료다. 만물의 영장이라는 인간은 물과 이산화탄소를 가지고 어떤 방법으로도 탄수화물을 만들어 낼 수 없지만 식물은 만들고 있다. 물과 이산화탄소가 섞일 때 햇빛이 본드 역할을 한다. 햇빛이 없으며 두 분자를 붙여 놓을 수 없다. 이 두 성분을 붙여주는 특별한 기구가 바로 잎에 있는 '엽록체'라는 초록빛 색소이다.

식물은 햇빛이 없으면 죽고 만다. 식물이 모두 죽고 나면 사람을 포함한 동물은 살 수 없다. 엄마의 젖가슴을 향해 대쉬하는 아기처럼 식물은 햇빛을 향해 대시한다. 햇빛은 모든 생물에게 생명의 근원이다. 지금 이 순간 눈을 들어 창을 보라. 거기 쏟아져 들어오는 햇빛. 얼마나 고마운 존재인가. 당장 해가 안 보이는 것은 잠시 구름 위에 있기 때문이다. 해가 있음이 우리에게는 얼마나 큰 축복인가.

화초를 창가에 놓아두면 하나같이 햇빛 쪽으로 향한다. 화분을 180도 돌려놓고 닷새만 지나면 안쪽을 향해 있던 잎과 줄기가 모두 창 쪽으로 돌아가 있다. 이렇게 방향이 바뀌는 것은 햇빛을 받는 줄기 쪽은 덜 자라고, 그 반대 줄기 쪽은 더 자라기 때문이다. 식물을 자라게 하는 옥신이라는 호르몬이 하는 짓이다. 키를 키우고 싶을 때 인공으로 만든 옥신을 물에 녹여 뿌려주면 쑥 커버린다. 옥신은 햇빛을 따라다닌다. 햇빛

6년 전부터 우리 집 베란다에 살고 있는 벤자민고무나무는
어느새 햇빛을 따라 창 쪽으로 향해 쓰러질 듯 기울어져 있다.
저도 쓰러지지 않으려고 숙인 쪽에서 버팀목처럼
뿌리를 내렸다. 식물도 사람만큼이나 지혜롭다.

이 있는 쪽으로 몰린다. 그렇다면 햇빛을 많이 받는 창 쪽이 더 잘 자라 줄기가 방 안으로 향해야 하는 것이 아닌가? 그런데 그 반대다. 여기에 재미있는 진리가 있다. 우리 속담에 '지나치면 모자람만 못하다'는 말처럼 옥신이 너무 많으면 오히려 자라는 것을 억제한다. 햇빛 쪽은 옥신이 너무 많아 자라지 못하고, 반대쪽은 옥신이 적당히 많아서 더 잘 자란다. 그 결과 줄기가 자연히 햇빛 쪽으로 향하게 된다.

우리는 초등학교 시절, 동물은 '움직이는', 식물은 '움직이지 않는' 생명체라고 배웠다. 그런데 그것이 그저 우리 인간의 잣대로 판단한 편견이라는 것을, 햇빛을 향해 끊임없이 움직이는 고무나무를 보며 깨닫게 된다.

지금 우리 베란다 화초들은 '오, 솔레미오O sole mio, 나의 태양이여!'라고 노래를 부르고 있을 거다. 우리가 듣지 못할 뿐이지…….

날 좀 내버려 두세요

아무리 자식을 사랑한다 해도 사사건건 참견하고 닦달하면 엇나가고 제대로 된 어른이 못된다. 식물도 건드리는 것을 매우 싫어하고 자주 하면 제대로 자라지 못한다. 건드리고 만질 때마다 스트레스를 받아 에틸렌 가스를 내뿜으면서 에너지를 소모해버려 쑥쑥 자라지 못한다. 높은 산의 나무들이 땅딸막한 것은 강한 바람이 자주 건드리기 때문이다.

만지는 것뿐만 아니라, 화분을 옮겨 놓거나 돌려놓는 것도 화초는 매우 싫어한다. 난蘭 마니아들은 귀한 난을 건드리거나 난분을 돌려놓는 것을 금기시한다. 난이 몸살을 앓는다는 것쯤은 알지만 과학적인 이유를 아는 사람은 많지 않다.

베란다에서 크는 화초들은 가지를 창 쪽으로 향해서 잎이 빛을 최대로 받도록 한다. 거기에 그치지 않는다. 맨눈으로 볼 수는 없지만, 현미경으로 관찰하면 세포 속에 있는 엽록체(엽록소의 집이다)도 햇빛을 향해 있다. 엽록체는 약간 납작한 럭비공처럼 생겼다. 햇빛이 비추면 넓고 납작한 면이 빛이 오는 쪽으로 향하지만, 햇빛이 너무 강하면 엽록체가 타지 않도록 스스로 비스듬히 옆으로 비튼다. 괭이밥은 숫제 잎을 접기까지 한다. 이렇게 말하면 어떤 이는 이의를 달지도 모르겠다.

"엽록체가 살아있는 것도 아닌데 어떻게 세포 안에서 제멋대로 자세를 바꿀 수 있어요?"

움직이는 것을 직접 볼 수 없을 뿐이지, 엽록체는 살아있고 움직일 수도 있다. 엽록체를 포함해서 세포 안에 있는 모든 것은 다 살아있고 맹렬히 화학적인, 물리적인 활동을 하고 있다. 엽록체가 죽은 것이라면 광합성도 할 수 없다. 따라서 사람도 살 수 없다.

아주 먼 옛날 물에 살았던 박테리아들은 햇빛이 오는 방향으로 몸을 자유롭게 틀어 자신들이 원하는 만큼의 햇빛을 취했다. 그러는 동안 다른 박테리아가 광합성 박테리아를 잡아먹어 보니 외부에서 먹이를 구할 필요가 없어졌다. 자기 몸 안에서 박테리아가 광합성으로 양분을 공급해 주기 때문이다. 그렇게 진화를 거듭해서 생긴 것이 오늘날의 식물세포다.

세포 안은 세포질이라는 액체로 차 있다. 이 액체에서 엽록체들은 마치 무수한 해파리 떼가 물속에서 유영하듯이 둥둥 떠다닌다. 엽록체들의 조상인 박테리아들은 물속에서 햇빛을 더 많이 받기 위해 빛이 오는 방향으로 수시로 자세를 바꿨다. 그것을 유전자에 각인하고 있는 엽

아주 행동이 굼뜬 크로톤도 방향을 돌려놓으면 몇 달에 걸쳐
햇빛 방향으로 향한다. 그런데 아예 반대 방향으로 돌려놓으면
잎은 물론 세포 속 엽록체도 적응하는 동안 몸살을 앓는다.

록체도 세포질에 둥둥 떠서 자신에게 알맞은 방향을 잡아 자세를 바꾼다. 마치 태양전지가 해를 쫓아 집열판을 돌리듯이 엽록체도 빛의 방향에 따라 각도를 튼다. 심지어는 엽록체의 모양도 변한다. 햇빛이 충분하면 환약 모양으로 동그랗지만 어둠침침해지면 빛을 더 많이 받기 위해 동전 모양으로 표면을 넓힌다.

그런데 문제는 줄기나 잎, 엽록체가 손바닥을 뒤집듯이 쉽게 방향을 바꿀 수 없다는 점이다. 이 때문에 화분을 조금 돌려주는 것은 큰 문제가 아니지만, 아예 방향을 반대로 돌려놓으면 화초 입장에서는 여간 황당한 일이 아닐 수 없다. 줄기의 방향이 반대이고, 잎의 방향이 반대이고, 엽록체의 방향도 반대가 되므로 한동안 제자리를 잡을 때까지 광합성 기능이 떨어진다. 엽록체가 양분공장이라 그것을 향해 만들어진 운송로를 비롯한 모든 시스템도 바꿔야 하니 몸살이 날 수밖에 없다. 그리고 이런 과정에서 많은 에너지가 소모되기 때문에 자주 움직이면 성장이 늦어지게 된다.

그렇다고 화분을 붙박이처럼 한 곳에 언제까지나 놓아둘 수도 없다. 화분을 같은 방향으로 오래 놓아두면 너무 창 쪽으로만 향한다. 화초에게는 미안한 일이지만 때때로 화분을 돌려놓아 본다. 대신 화분을 옮겨야 할 때는 화초가 황당하지 않게 화분에 방향을 표시해 둔다. 그런데 그렇게 돌려놓으니 잎들은 갈피를 잡지 못해 중구난방이 됐다. 오히려 보기가 더 안 좋아 그 자리에 그 방향으로 자라게 놓아두는 것을 원칙으로 했다. 그래서 우리 집 화초들은 언제나 사랑하는 소년을 기다리는 소녀처럼 창밖으로 향해 있다.

단풍, 아름다움은 어디서 오나요?

버리고 떠나야 할 것이 / 무엇인지를 아는 순간부터 / 나무는 가장 아름답게
불탄다 // 제 삶의 이유였던 것 / 제 몸의 전부였던 것 / 아낌없이 버리기로 결
심하면서 / 나무는 생의 절정에 선다   -도종환의 「단풍드는 날」의 일부

나무의 생애에서 단풍은 꽃 못지않게 절정의 아름다움
을 보여준다. 단풍은 영원한 이별을 앞두고 제 몸을 아낌없이 불살라 보
여주기에 더욱 아름다운지도 모른다. 사람도 사랑이나 금전을 포기하고
두 손바닥을 펴 보이며 뒤돌아서 가는 모습은 아름답다.

꽃 소식은 남에서 북으로 올라오고, 단풍 소식은 북에서 남으로 내
려간다. 봄꽃 소식이 빠를까, 단풍 소식이 빠를까? 봄꽃 소식은 하루
20km씩 올라오는 데 비해 단풍 소식은 25km씩 내려간다고 어떤 이는
분석했다. 큰 차이가 아닌데도 시인들은 '봄은 엉금엉금 기어오고, 가을
은 문득 왔다가 쏜살같이 달아난다'고 표현한다.

봄이나 가을, 계절의 절정기 평균기온은 13도, 습도는 60~70%로 기후
는 비슷하다. 그런데도 사람들은 봄과 가을을 완연하게 구별한다. 봄은
새로운 사랑을 꿈꾸게 하고, 가을은 먼 곳으로 떠나버린 옛사랑을 사무
치게 그립게 만든다. 이에 대해 심리학자들은 '사람들은 기온이 올라가
면 자극을 받아 들뜨지만, 점점 떨어지면 차분해지기 때문'이라고 풀이
한다.

단풍이 물드는 과정은 두 가지. 숨어 있던 아름다운 색깔이 밖으로
드러나거나 없었던 색깔이 새롭게 만들어지는 것, 두 가지 중 하나다.

화살나무가 두 얼굴을 하고 있다.
화살나무의 오른쪽은 아파트 건물에 가려서 햇빛을 덜 받아 여전히
푸르지만 따가운 가을 햇볕을 더 많이 받은 왼쪽은 붉게 물들었다.

오렌지색과 노랑의 중간색을 띠는 카로티노이드 색소는 잎이 가을 햇살을 받으면 엽록소가 분해되어 없어지면서 그전까지는 엽록소 밑에 가려서 보이지 않았던 색깔이 드러나는 것이다. 이에 비해 빨강과 보라색, 그리고 갈색의 단풍색인 안토시안은 햇빛을 받아 당(糖)이 분해되면서 여름에는 없던 색깔이 새로 만들어진 것이다.

아침저녁으로 기온이 떨어지고 따가운 가을 햇살이 비치면, 나무는 '아! 이제는 더 이상 양분을 만들 수 없겠구나.' 판단하고 양분을 생산하는 공장인 엽록소를 해체한다. 그렇게 분해되어 새로 만들어지는 성분 중 겨울나기에 필요한 탄수화물이며 단백질은 뿌리와 줄기로 옮겨져 저장된다.

태양의 빛은 여름이나 가을, 겨울 없이 변함이 없는데 가을이 되면 왜 단풍이 드는 것일까? 낮의 길이가 짧아지고 기온이 떨어져서인가? 물론 그것도 원인이 된다. 그러나 그것보다도 공기 중의 수분 때문이다. 여름철에는 너무 작아서 눈에 보이지 않지만 물방울들이 공기 중에 무수히 차 있다. 이 물방울들은 햇빛을 흩뜨려 지구에 닿는 빛의 양을 떨어뜨린다. 그러나 가을로 들어서면 공기가 건조해지면서 물방울들은 사라진다. 따라서 하늘은 거칠 것이 없어 맑고 깊어 보이며, 햇볕은 그대로 지구에 쏟아져 내린다. 그래서 가을볕은 따갑다.

한 나무에서도 따가운 가을 햇볕을 더 많이 받은 쪽은 엽록소와 당이 더 많이, 더 빨리 분해되어 단풍의 아름다운 색깔이 먼저 드러나지만, 덜 받은 쪽은 여름의 칙칙한 색깔을 그대로 지니고 있다.

단풍도 꽃처럼 단명한다. 단풍이 들자마자 흩날리는 낙엽을 보면, 사랑하는 사람이 곁에 있어도 옆구리가 허전하다. 고칠 의사도 없고 약도

없는 '가을 병病'이다. 그래서 옛 선비들은 춘녀원 추사비春女怨 秋士悲, '처녀
는 저물어 가는 봄을 원망하고 선비는 깊어가는 가을을 탄식한다'고 한
모양이다.

행복한 사람들을 보면 계절의 변화에 자신을 얹어 놓고 언제나 경이로
운 눈길로 자연을 바라본다는 공통점이 있는 것 같다.

주경야독하는 나무

●　　　　"나무는 밤일은 밤에만 하고 낮일은 낮에만 한다"고 말
하면 사람들은 나를 빤히 쳐다본다. 무슨 야한 이야기를 늘어놓으려는
줄 안다. 낮에 꾸벅꾸벅 졸고 있으면 어른들끼리 짓궂은 농담으로 "당
신, 어젯밤 잠 안자고 무슨 일 한 거야?"라고 묻는다.

사람들은 밤에 할 일과 낮에 할 일을 바꿔도 되지만, 나무는 절대 그
런 법이 없다. 낮일은 낮에 하고 밤일은 밤에만 한다. 나무의 '낮일'은
광합성작용이고, '밤일'은 양분의 이동, 즉 낮에 만든 탄수화물을 잎에
서 줄기나 뿌리로 옮겨 저장하는 일이다. 인간들이 말하는 밤일이라는
것도 식물은 꼭 정해진 시간에만 한다.

이렇게 낮에 할 일을 꼭 낮에 해야 하는 것은 태양이 낮에만 뜨기 때
문이다. 이것은 식물이 가진 수많은 지혜 중 한 가지에 지나지 않는다.
서양 속담에 '햇빛이 있을 때 건초를 말려라Make hay while the sun shines'
는 말은 '기회를 놓치지 마라'는 뜻. 이 속담을 잘 지키는 사람은 틀림없
이 성공한다. 식물은 어쩌면 구름이 덮일지도 모르는 내일을 대비해 태
양이 떠 있는 지금 오로지 최선을 다해 낮일 즉 양분을 만드는 일만 할

오래된 기왓장 위에서 사는 바위솔은 밤에 숨구멍을 열어
이산화탄소를 들이마셔 저장했다가 낮에 햇빛을 받아서
탄소동화작용을 하는 특별한 캠CAM식물이다.

뿐이다. 이렇게 광합성을 해서 만든 탄수화물을 잎에 우선 저장해 놓는다. 그리고 양분을 만들 수 없는 캄캄한 밤 동안 낮에 만들어 놓은 양분을 줄기와 뿌리로 옮겨 놓는다. 임시 창고인 잎을 비워 놓아야 내일 다시 채울 수 있기 때문이다. 이렇게 식물은 한 가지 일에 올인하기 위해 낮일과 밤일이 확연히 구분하도록 진화한 것 같다.

식물의 이런 모습은 동물에서도 볼 수 있다. 위장이 4개인 소는 여물을 주면 우선 첫째 위장에 잔뜩 채워 놓고는 시간이 날 때마다 다시 꺼내서 되새김질을 한다. 이렇게 다시 씹은 먹이는 두 번째 위장으로 내려보낸다. 또 다람쥐는 가을 내내 열심히 도토리와 밤을 주워 땅속 창고에 쟁여 놓는다. 그리고는 겨울과 봄 동안 꺼내 먹는다.

겨울 준비 이야기를 하다 보니 법정스님의 글이 떠오른다. 강원도 어느 암자에서 있었던 실화라고 하는데, 비구니 스님이 마루에 앉아 있으려니 다람쥐가 열심히 알밤을 물고 땅속 굴로 들어가더란다. 사람을 시켜 파 보았더니 도토리며 알밤이 몇 말이나 나왔다. 이튿날 일어나 보니, 어찌 알았는지 다람쥐 가족이 그 스님의 짚신을 베고 모두 죽어 있었다. 스님은 그 후 자기로 인해서 죽은 다람쥐들의 영혼을 위해 매일 제를 올렸다는 이야기다.

사실 우리가 먹는 음식은 모두 식물이 만든 것을 가로채어 먹는 것이다. 따지고 보면 다람쥐의 알밤이나 도토리에 해당한다. 식물이 살기 위해, 나아가서는 자식을 위해 애써 저장해 놓은 양식이다. 고구마나 감자, 우엉의 뿌리, 벼나 보리, 참깨의 씨앗, 사과나 딸기의 과실은 모두가 식물이 갈무리해 놓은 곳간들이다.

그러나 보통 식물과는 달리 낮일을 밤에 하는 식물이 있다. 사막식물들이 그런 식물이다. 탄소동화작용을 하려면 숨구멍을 열고 이산화탄소를 들이마셔야 하는데, 불타는 태양 아래서 숨구멍을 열고 있으면 수분이 빠져나가 말라 죽는다. 그 때문에 서늘한 밤에만 숨구멍을 열고 이산화탄소를 들이마셔 사과산malic acid에 일단 저장한다. 해가 뜨거워지면 숨구멍을 꼭 닫고 저장해 둔 이산화탄소를 떼어내어 광합성을 한다. 이런 식물을 캠CAM, Crassulacean acid metabolism식물이라 한다. 사막이 없는 우리나라에도 이런 식물이 있다. 오래된 기와지붕에 사는 바위솔이 그것인데, 한여름 기와지붕은 마치 사막처럼 뜨겁고 메마르기 때문에 그런 쪽으로 진화를 한 것이다. 우리가 즐겨 먹는 파인애플도 캠식물에 속한다.

벤자민고무나무

🌡 __15~35℃
💧 1주일에 한 번

● 　　　벤자민고무나무의 가장 큰 장점은 공기정화 기능이 탁월한 식물이라는 것. 잎의 산소 발생량이 많아 벤젠, 포름알데히드 등의 발암물질 제거와 오존제거, 이산화탄소 농도를 낮추는데도 효과적이다. 벤자민고무나무는 양지나 반양지에서 모두 잘 자라며 생장기에는 충분한 햇빛을 받을수록 좋다. 베란다나 거실 등 집안의 어디서나 적응을 잘하는 벤자민고무나무, 하지만 너무 춥거나 어둡고 건조한 장소에서는 잎이 시들 수 있으므로 장소 선택에 유의한다. 벤자민고무나무가 겪는 가장 큰 위기는 막 사온 직후. 환경이 급격히 바뀌기 때문에 잘못하면 잎이 우수수 쏟아질 수 있다. 집에 들여오자마자 물을 충분히 주어야 한다. 화분의 무게 때문에 물을 오래 안 주었을 수도 있기 때문이다. 특히 벤자민고무나무는 장소이동을 싫어하므로 화분을 자주 옮기지 말고 한 장소에서 두는 것이 좋다. 분갈이 할 때 뿌리에 달린 흙을 너무 많이 털면 분갈이 후유증을 앓을 수 있으니 조심할 것. 다른 나무에 비해 생명력이 강한 '벤자민고무나무'. 우리 집에도 한그루 가꿔서 상쾌한 공기를 만들어 보는 건 어떨까.

❀ 같이 키우면 좋은 공기정화 식물

산세베리아 공기정화 식물의 대표주자인 산세베리아. 건조한 장소에서도 강하다.
스킨답서스 공기정화 기능뿐만 아니라 가습기 대용으로도 유용하다.
보스톤고사리 프롬알데히드 제거 능력이 뛰어나고 냄새제거와 습도조절까지 한다.

물과 공기를 위한
작은 출입구 〉〉〉

목이 마르다는 다급한 신호

한여름 불볕더위에 축 처져 있는 호박잎을 보면 딱하기만 하다. 목이 탄다는 호소지만 사람들은 눈 하나 깜짝하지 않는다. 해가 떨어지면 잎이 다시 원래의 제 모양으로 돌아온다는 것을 알기 때문이다. 하지만 실제로 호박잎은 안으로 곪고 있다. 불볕이 잎에 내려앉아서 이글이글 타고 있으면 호박잎은 죽겠다며 소리 없는 비명을 지르고 뿌리에 구조신호 SOS를 보낸다. 그런데 뿌리가 빨아올릴 물이 없다면 어떻게 될까?

이 위급한 사정을 제일 먼저 알아채는 건 1cm²에 무려 2만 7천 개나 되는 숨구멍기공을 가진 호박잎이다. 잎의 숨구멍에는 바나나처럼 바깥쪽으로 약간 굽은 2개의 공변세포가 마주 붙어 있다. 공변세포에 물이 가득하면 팽팽해져 숨구멍이 자동으로 열리고, 물이 빠지면 탄력을 잃어 숨구멍은 자동으로 닫힌다. 공변세포가 열리면 물과 공기가 잎 속으로 들어가고, 닫히면 안팎의 소통이 막힌다.

잎의 모든 표면은 왁스질로 덮여 있어 빗물이 잘 구르고 병균이 침입하지 못한다. 또 왁스는 수분의 손실을 막아준다. 그런데 공변세포 부분만은 왁스가 덮여 있지 않다. 그 때문에 잎의 다른 부분보다도 공기 중의 습도에 매우 민감하고 이곳을 통해 수분이 빠져 나간다. 공변세포의 수분이 어느 정도 빠져나가면 자동으로 숨구멍이 닫힌다. 그래서 불볕으로 수분이 부족한 호박잎은 수분을 지키기 위해 재빠르게 숨구멍을 닫는다.

한편 뿌리도 흙 속에 물이 부족하다고 판단하면 즉시 호르몬(아브시스산, ABA)을 잎으로 보낸다. 아브시스산은 말하자면 숨구멍을 닫으라는 등기 속달우편으로 숨구멍은 자동으로 즉시 닫힌다. 물이 부족해지면 이렇게 이중의 경보시스템이 자동으로 작동되어 수분이 더 이상 밖으로 빠져나가지 못한다.

숨구멍이 닫히면 수분손실은 막을 수 있지만 또 다른 문제가 생긴다. 이산화탄소가 들어오지 못해 광합성이 중단된다. 그뿐만 아니라 몸속에 있던 산소가 밖으로 나가지 못하고 이미 만들어 놓은 양분의 절반을 이산화탄소로 되돌린다(이를 광분해라고 한다). 이렇게 되면 식물은 몸무게가 줄어들고 섬유질만 남게 되어 억세어진다.

더욱 큰 문제는 물 사슬(줄기)이 끊어진다는 점이다. 물 사슬은 뿌리 끝에서부터 가지 끝의 숨구멍까지 한 가닥의 끈처럼 죽 이어져 있다. 숨구멍에서 물을 내뿜으면 내뿜은 길이만큼의 물이 뿌리로부터 끌려 올라온다. 이런 물줄기로 해서 세계 최고로 키가 큰 미국 캘리포니아 레드우드국립공원의 112m 아메리카삼나무도 살 수 있다. 가뭄 때문에 뿌리에

축 늘어진 한낮의 호박잎은 목이 탄다는 호소를 한다.
수분이 부족하면 잎의 공변세포와 뿌리가 감지해서
즉시 숨구멍을 닫아 수분 손실을 막는다.

서 물이 올라오지 않으면 물 사슬은 끊어진다. 이 물줄기가 다시 이어지려면 시간과 에너지가 소모된다.

우리는 절화折花를 사오면 물속에 줄기를 담그고 끝을 가위로 잘라준다. 이렇게 해주면 오래 두고 볼 수 있다. 꽃나무에서 꽃을 자를 때 순간적으로 줄기 속으로 공기가 들어가 물줄기가 끊어진다. 물속에서 줄기를 다시 잘라주는 것은 물줄기가 끊겨진 그 부분을 잘라 물줄기를 이어주기 위한 작업이다.

물 부족이 오래 계속되면 물줄기가 끊기는 것보다 더 심각한 사태가 뿌리 끝에서 일어난다. 뿌리 끝에는 물과 양분을 빨아들이는 수천만 개의 뿌리털이 있다. 뿌리털은 흙에 붙어 있다. 흙이 말라서 수축하면 뿌리털은 어쩔 수 없이 떨어진다. 우리의 입과 같은 뿌리털이 떨어지면 다시 돋아나기까지 먹는 것이 중지된다. 뿌리털이 떨어진 상처로 병균이 들어가 병이 나는 경우도 있다. 이렇게 해서 받은 가뭄의 상처가 회복되기까지 빠르면 3일, 늦으면 일주일까지도 걸린다.

돌나물 같은 경우에도 더위가 극성인 한낮에는 숨구멍을 닫아버린다. 대신 밤에 저축해 놓은 이산화탄소와 쏟아지는 햇빛으로 광합성을 한다. 그래서 돌나물은 사막식물처럼 심한 가뭄에도 잘 견딘다.

오이풀에 맺힌 이슬의 정체

● 　　　　식물에 잎이 없다면 얼마나 삭막할까? 겨울의 참나무 숲 같은 느낌이고 사랑하는 사람 없는 세상을 사는 기분일 게다. 꽃을 보기는커녕, 사람이 살지도 못한다.

너 없이 어이 꽃 피우랴 // 한여름 위용의 나무 그늘 / 어이 너 없이 홀로 만드랴 // 때 되면 / 버림받아도 / 아무 말 하지 않고 / 입술만 깨물며 피 흘리는 너의 울먹임 // 떠나면서도 / 나무에 거름 되는 / 그 마음 어이 잊으랴.

-김흥래의 「잎」 전문

실제로 잎이 없는 식물이 내 연구실에서 몇 년 동안 산 적이 있다. 처음 이 식물이 우연히 내 연구실에 왔을 때 화분 안에는 두어 뼘 길이의 막대가 대여섯 개쯤 나와 있을 뿐이었다. 물이 말라 잎이 떨어져 버렸을 것이라고 짐작하고 물을 주면 막대에서 잎이 나오려니 했지만 잎은커녕 계속 회초리 같은 막대만 흙을 뚫고 올라왔다. 알고 보니 원래 줄기는 없고 회초리가 잎인 다육식물이다.

신기하다며 이름이 뭐냐고 묻는 사람들에게 "회초리나무지요"라고 대답했다. 사실 그런 이름의 식물은 없다. 진짜 이름이 '산세베리아 실린드리카Sansevieria cylindrica'라는 식물인데, 건조지대에서 살아남기 위해 잎의 부피를 줄여 막대 모양으로 진화했다. 그래도 회초리 모양을 한 잎이 기특하게 광합성을 해서 새끼도 치고 꽃도 피운다. 꽃대는 회초리 밑동에서 밤 동안에 올라와 달콤한 향기와 함께 꿀을 질질 흘리며 하얀 꽃을 피운다. 잎다운 잎이 없으니 나눠 달라고 하는 사람도 없고, 주인의 관심 밖으로 밀려나자 언제인지 슬그머니 연구실에서 사라져버렸다.

이렇듯 식물의 잎이란 없으면 썰렁하기 이를 데 없거니와, 지구는 종말을 맞고 만다. 우리가 다 아는 사실이지만 잎의 가장 중요한 역할은 광합성이다. 뿌리에서 빨아올린 물과 잎에서 호흡한 이산화탄소를 햇빛으로 한데 묶어, 동물이 먹고 사는 온갖 영양분을 다 만든다. 만일 식물이 광합성을 하지 않았다면 지구에 생명은 존재할 수 없었을 것이니 잎이 얼마나 귀중하고 위대한 존재인가. 그밖에도 잎은 우리가 잘 알지 못하는 많은 역할을 한다.

잎은 코도 된다. 잎의 앞뒷면에 있는 숨구멍은 산소와 이산화탄소가 들락거리는 코다. 또 잎의 숨구멍은 입이 되어 양분을 빨아들인다. 식물이 왕성하게 자라면 뿌리에서 빨아들이는 양으로는 부족해 결핍증에 걸리게 된다. 또한 뿌리가 물에 오래 잠기거나 병에 걸려 양분을 제대로 빨아들이지 못할 때는 땅에 주는 비료로는 결핍증을 해결할 수 없다. 이때 빠른 공급을 위해서 택하는 것이 물비료이다. 흙에다 주면 몇 달 걸려야 식물 속으로 들어가는 철분도 단 하루면 들어간다. 땅에 주는 비료가 약이라면 물비료는 위급한 환자에게 링거주사라 할 수 있다. 물비료는 흙에 준 것보다 몇십 배나 효과가 빠르다. 물비료를 주면 잎의 기공을 통해 들어가 필요한 부분에 곧바로 운반되어 문제를 해결해 준다.

그 때문에 집안의 화초에 뿌려주면 훨씬 싱싱하고 크게 기를 수 있다. 수준 높은 농민들은 물비료를 잘 써서 좋은 결과를 얻기도 한다.

잎은 똥오줌을 싸는 배설기관이기도 하다. 몸속에 지나치게 많은 물이나 양분, 필요 없는 노폐물을 잎의 가장자리에 있는 수공水孔으로 배출한다. 이른 아침 하우스 오이 잎 끝에 매달린 진주 같은 물방울은 이슬이 아니고 바로 오줌이라고 보면 된다(집 안에는 이슬이 내릴 수 없다). 식물이 이렇게 몸속의 남는 물을 배출하는 현상을 일액현상溢液現象이라 한다.

몇 년 전에 군산 앞바다에 산수화처럼 떠 있는 선유도를 가 보았는데, 그 섬에는 뜻밖에 오이풀이 군락을 이루고 있었다. 잎에서 오이 냄새가

오이풀은 과잉의 물과 함께 불필요한 양분도 잎의 가장자리에 있는
수공으로 배설한다. 배출한 물방울이 이슬처럼 매달려 있다가
바람과 햇빛에 마르면 그 자리에 소금 결정이 드러난다.

난다고 해서 붙여진 이름이다(어린잎을 뜯어서 맡아 보면 정말로 막 자른 신선한 오이 냄새가 난다). 이른 아침 산책길에서 만난 오이풀은 잎 끝에 영롱한 이슬이 마치 비단실에 끼워 놓은 진주처럼 일정한 간격으로 조롱조롱 맺혀 있었다. 오이풀이 오줌을 싼 것일까? 아침을 먹고 나서 다시 보았을 때 이슬이 있던 그 자리에 하얀 염분만 남아 있었다. 혀 끝에 대 보니 엷은 간기가 느껴진다. 바닷바람에 날려 온 간기가 흙과 잎에 닿아 오이풀 몸속에 쌓인 것을 물과 함께 배설한 것이다. 이것은 식물이 눈 똥이다.

후쿠다 이와오福田岩緒라는 일본 동화작가가 쓴 '방귀 만세'를 보면 이런 이야기가 나온다.

초등학교 1학년인 한 어린이가 수업시간에 '뿌웅'하고 방귀를 뀌었다. 이걸 계기로 선생님은 방귀를 주제로 글을 쓰게 했다. 방귀를 뀐 어린이는 이렇게 시를 썼다.

'꽃 방귀. 선생님은 살아 있는 것은 모두 방귀를 뀐다고 했다. 그렇다면 풀이나 나무, 꽃도 방귀를 뀔까? 물푸레나무의 맛있는 꽃향기는 꽃이 뀐 방귀 냄새일까?'

그렇다. 식물도 방귀를 뀐다. 물론 향기나 냄새는 없지만, 벼에게 질소 비료를 준 다음날 아침 잎의 이슬을 분석해 보면 암모늄 성분이 분석된다. 암모니아 가스가 숨구멍으로 나오면서 거기에 맺혀 있던 이슬에 녹아버린 것이다. 비료를 준 벼는 며칠 동안 보통 때보다 몇 배나 많은 질소 방귀를 뀌는데 바람이 불면 더 방귀를 많이 뀐다. 산소나 이산화탄소 방귀도 자주 뀐다.

우리 어려서 보리밥을 먹고 나면 시도 때도 없이 방귀가 저절로 나왔다. 그때는 아이들끼리 누가 더 요란하게 뀌나 내기를 하면서 낄낄대고 웃었다. 그러나 어른이 계시면 여간 조심스런 것이 아니었다. 벼도 바람이 불 때 방귀를 마구 뀌어대며 신나게 웃어대는 건 아닐까. 잎은 이렇게 똥오줌을 싸고 방귀까지 뀐다.

에어컨보다 천연 바람이 더 시원해

지구온난화 때문인지 5월 중순 기온이 이미 30도를 넘어서곤 한다. 벌써부터 이럴진대 한여름엔 어떨지. 5월 더위에 혼이 나자 삼복 찜통더위가 오기 전에 에어컨을 사려는 사람들로 가전대리점은 붐빈다. 단독주택이라면 전기료를 많이 내는 에어컨을 켜지 말고 멋진 천연 에어컨을 활용하면 어떨까?

한여름, 아스팔트 위를 걷다 보면 마치 방금 끓인 콜타르를 부어 놓은 것처럼 뜨거운 열기가 훅훅 올라온다. 맨발로 걷다가는 화상을 입을 수도 있다. 그런데 이웃한 잔디밭은 맨발로도 기분 좋을 만큼 서늘하다. 땡볕이 내리쬐는 날, 전라남도 담양의 메타세쿼이아 길이나, 청주 버즘나무 가로수 길로 들어서면 시원하기 이를 데 없다. 왜 그럴까?

그 많은 이파리들, 삼복의 폭염에 그대로 노출되어 있지만 시들거나 타죽는 것은 한 장도 없다. 그들 나름의 대책, 천연 에어컨을 돌려서 자신이 살아가기에 알맞은 온도를 유지하기 때문이다.

식물의 잎은 제 무게의 70~80%가 물이다. 모든 세포 하나하나에는 액체인 세포질과 액포로 꽉 차있고, 물을 빨아들이는 뿌리 끝에서부터 세포까지는 물관이라는 호수가 연결되어 있어서 끊임없이 물이 공급된다.

식물의 잎에 물이 얼마나 많은가는 손가락으로 잎을 눌러 보면 안다. 가을의 마른 잎 말고는 물이 손가락을 적시고도 방울이 떨어질 정도다.

이 액체가 잎에 쏟아지는 태양열을 흡수한다. 그리고는 잎의 앞뒤에 하늘의 별만큼 많은 숨구멍을 통해 빠져나간다. 우리 눈으로 빠져나가는 물을 볼 수 없는 것은 순간적으로 기화되어 공기 중으로 날아가기 때문인데, 그때 물은 태양열을 담아 함께 빠져나간다. 말하자면 수냉식水冷式 에어컨을 가동하는 것이다. 그 때문에 잎은 주변의 물체보다 항상 시원하다. 뿐만 아니라 주위의 공기까지 시원하게 만든다. 마치 알코올이 묻은 솜으로 손등을 닦을 때처럼 열을 끌고 날아간다.

1,000m² 넓이의 잔디밭에서 여름 일주일 동안 25톤의 물이 증산된다. 미국의 한 연구기관에서 측정한 바에 의하면, 다 자란 단풍나무 한 그루에는 이파리가 10만 장쯤 달리는데, 무더운 여름날 1시간 동안에 무려 200L(2L짜리 생수 100병, 200kg)의 물이 증산된다고 한다.

한 여름날 수박 잎 온도는 주위 공기보다 7도나 낮다. 또 담쟁이덩굴을 벽에 올리면 벽에 닿는 태양의 직사광선을 흡수하고 증산작용을 해서 여름철 실내온도를 2~3도 낮춘다. 햇빛이 강해질수록, 기온이 높아질수록 잎의 증산작용은 더 활발해져 일정 온도 이상은 더 올라가지 못하게 한다. 이파리들을 태우지 않으려는 나무의 의지가 담겨 있다.

식물은 자동조절 에어컨인 셈이다. 어떤 사람은 담쟁이덩굴이 뿌리를 박아서 오히려 벽과 담을 빨리 망가뜨린다고 하지만 실험결과는 이와는 정반대다. 잎이 산성비와 자외선을 흡수해 주고 온도의 격변을 막아 콘크리트 벽면을 잘 보호한다는 것이다. 벽에 붙어 있는 뿌리도 실은 양분을 빨아먹는 역할은 전혀 없고 빨판흡기으로 있어 줄기가 떨어지지 않도

싱그러운 초록 잎으로 담과 벽을 감싼 담쟁이덩굴은
보기에만 시원한 게 아니다. 천연 에어컨 담쟁이덩굴을 심으면
실내온도가 2~3도 낮아지고 담과 벽이 덜 망가진다.

록 고정하는 작용만 할 뿐, 벽을 해치지는 않는다.

같은 덩굴식물을 올려도 등나무 그늘보다도 다래나무가 훨씬 시원하다. 다래나무의 증산작용이 등나무보다 더 활발하기 때문이다. 게다가 다래나무는 가을에 시면서도 아삭아삭 씹히며 달디단 열매까지 선물해 준다. 집 담장이나 벽에 천연 에어컨인 덩굴성 활엽수를 심으면 여름나기가 훨씬 시원해서 즐겁다.

무성한 초록 잎사귀 / 갈피마다 / 가을햇살 품고 / 한 송이 / 한 송이 / 붉은 꽃으로 되었다.   – 김양수의 「담쟁이」

가을이면 아름다운 단풍으로 벽을 온통 장식해 주어 얼마나 운치가 있는지. 연세대학교의 연희관 담쟁이덩굴을 보면 알 수 있다.

시클라멘 잎의 내리사랑

우리 할머니는 내가 7살 되던 해에 돌아가셨지만, 베풀어주신 사랑은 너덧 살 때의 기억에 남아서 항상 그리움과 따스함으로 가슴을 덥혀준다. 그 시절에는 너남 없이 살림이 어려워 끼니도 다 때우지 못했는데, 할머니는 밥을 내 밥그릇에 그득하게 담아주시고는 누룽지까지도 당신의 자식들을 제치고 나에게만 주시곤 했다.

식물도 사람만큼 자식을 사랑할 수 있을까? 나는 당연하다고 말한다. 어쩌면 더 사랑이 깊을 수도 있다. 우리 집 거실에 사는 시클라멘에게서 이런 모습을 엿보았기 때문에 자신 있게 말할 수 있다. 소담스런 분홍 꽃이 스무 송이나 피어 있고, 새로 올라오는 꽃대만도 10대나 될 만큼 잘 자란 시클라멘. 나는 이 화분을 몇 해 전 입춘날에 아내에게 선물했다. 40여 년 전인 어느 날, 나는 당시 여대생이었던 아내에게 편지로 프러포즈했다. 육군 일등병이라 용돈도 없는데다 그때에는 꽃 배달 서비스 같은 것도 없었다. 40여 년이 지나 뒤늦게 선물한 것이 그녀가 좋아하는 진분홍 시클라멘이었다.

나도 시클라멘을 참 좋아해서 여러 차례 이 꽃을 집으로 데려왔지만 번번이 기르는데 실패했다. 알뿌리인 시클라멘은 원래 봄에 꽃이 지고 나면 잎이 사라진 채 여름에 자고 가을에 다시 잎이 나오고 꽃대가 올라와 겨울부터 꽃이 핀다. 그런데 무슨 까닭인지 우리 집에 온 시클라멘은 꽃이 지고 나면 여름을 버티지 못하고 그대로 죽어버리곤 했다. 국립원예특작과학원의 이동우 박사에게 물어보았더니, 잎이 사그라져도 계속 물을 주면 잎이 피고 꽃대가 올라온다는 것이다. 잎이 필 무렵 비료를 조금 주면 꽃이 더 많이 핀단다.

그의 말대로 흙이 마르지 않게 물을 주었더니 더위가 가시자 정말 새 잎이 나왔다. 비료를 좀 주니까 탐스런 잎이 더욱 잘 나왔다. 옳거니, 신이 나서 비료를 다시 듬뿍 주었다. 그게 탈이었다. 잎은 데쳐 놓은 것 같이 되고 뿌리는 삶은 고구마가 되어 버렸다. 좋다는 비료도 많이 주니 독이 되었던 것이다(뒤에 안 일이지만 프리지아와 시클라멘은 비료가 약간만 진해도 독이 된다). 좋은 것도 지나치면 해가 된다는 사실이 꽃에게도 통용되는 진리임을 새삼 깨달았다.

여러 번의 실패를 거울삼아, 아내에게 선물한 시클라멘은 정성 들여 물만 주고 비료는 아예 근처에도 가져가지 않았다. 정성이 통했던지 잘 자랐다. 그런데 여러 장의 잎 중에 한 장이 노랗게 변해 버리는 것이 아닌가. 자세히 보니 가장 늙은 잎이었다. 영양이 부족하다는 시클라멘의 호소였다.

나는 식물과 '대화'라고까지는 할 수 없지만 식물이 보내는 어떤 '메시

베란다 식물학

중요한 양분이 부족해지면
할머니 잎(늙은 잎)은 손주 잎(어린 잎)에
양분을 넘겨주고 자신은 야위어 떨어져 버린다.

지'는 읽을 수 있다. 아침에 일어나 베란다로 나가면 목이 마르다, 양분이 부족하다는 화초들의 호소도 감으로 느낀다. 화초를 오랫동안 대하다 보니, 미세한 변화조차도 느낄 수 있고, 그 변화가 무엇을 뜻하는지도 알 수 있게 되었다. 감정을 가장 잘 나타내는 부위가 사람에게는 얼굴, 그중에서도 눈인 것처럼 식물들은 잎에 자신들의 상태를 가장 잘 표현한다.

목이 마르다는 표현은 잎에 윤기가 가시고 처지거나 늘어지는 것으로, 양분이 부족하다는 표현은 잎의 빛깔로 한다. 늙은 잎이 노랗게 변하면 질소가 부족하다는 표현이고, 어린잎이 노랗게 변하면 철이 부족하다는 표현이다. 노란 빛깔이 잎맥 사이사이에 나타나면 그것은 마그네슘이 부족하다는 호소이다.

식물이 자라는 데 가장 많이 필요한 양분은 질소, 인산, 칼륨, 3요소이다. 이 성분들이 조금이라도 부족하면 성장을 멈춘다. 그래서 농부는 매년 상당량의 비료를 주는데, 그래도 부족하게 되면 할머니가 자신은 굶으면서 손자를 먹이듯이, 늙은 잎에 있는 양분을 토해 어린잎에게 보내준다.

화초를 기르다 보면 아래 잎, 즉 할머니 잎이 노랗게 변해 떨어지거나 시들어 버리는 것을 볼 수 있다. 이런 현상은 화초가 기아飢餓에 시달리고 있다는 신호를 보내는 것이다. 말하자면 주인을 향해 '양분이 모자라니 어서 달라'는 간절한 호소다. 양분이 부족하면 가장 먼저 부족해지는 부분이 자라는 잎과 생장점이다. 자라기 위해 엄청난 양분을 소모하기 때문이다. 그런데 왜 할머니 잎에서 먼저 결핍현상이 나타나는가? 할머니 잎이 손주 잎에게 부족한 성분을 양보하기 때문이다. 그러기에 자신은 죽어갈 수밖에 없다. 식물도 자식을 사랑한다는 명백한 증거이다. 물론 어떤 성분, 예를 들면 철이나 아연 같이 아주 조금만 필요한 성분은 양보하지 않기 때문에 손주 잎에서 결핍현상이 나타난다.

이렇듯 차세대를 위해 가진 것을 몽땅 양보하는 눈물겨운 식물의 자식사랑을 들여다보면 가슴이 먹먹해진다.

과일의 운명, 가을 잎이 결정한다.

잎은 꽃을 피우는 원동력이 되고, 나그네를 위한 그늘이 되어주며, 아무 말 없이 쓸쓸히 떠나가면서도 마지막으로 자신을 떨쳐버린 나무를 위해 거름이 되어 준다.

우리 동네 길가에 산뽕나무 한 그루가 자라고 있다. 오디를 먹은 찌르레기 같은 멧새의 배설물에서 시작된 자연의 합작품이리라. 나 자신이 일생을 매달려 연구해온 대상이 뽕나무인지라 어떤 나무보다도 뽕나무에 더 관심이 가는 것은 어쩔 수 없다.

이 뽕나무의 처지는 참 딱했다. 지난봄에는 차를 만들려는 동네 아주머니의 손에 의해 잎을 죄다 강탈당했다. 7월이 되자 눈이 겨우 다시 텄는데 주변의 나무들은 멀쩡한데 유독 뽕나무에게만 흰불나방이 덤벼 또 다시 잎을 모두 빼앗겼다(뽕잎은 다른 나무보다 단백질이 5배나 더 많다). 잎을 모두 잃자 내년 봄에 터야 할 겨울눈이 서둘러 터졌다. 우선적으로 광합성을 해야 살 수 있다는 생존본능이 작용한 것이다. 그러나 잎이 성숙해져 양분을 만들기 전에 서리가 내리고 말았다. 홍수를 만난 사람이 복구도 하기 전에 다시 화재를 당한 형국이다. 흰불나방에게 잎

가을 잎을 흰불나방에게 먹힌 뽕나무(위) 가지는
저장양분을 만들지 못해 겨울 동안 굶어 죽는다(아래).

을 많이 먹힌 쪽 가지는 겨울 동안에 죽었다.

참나무건 은행나무건, 무슨 나무건 간에 8월 하순부터 서리가 내리는 10월 말까지 만든 양분을 모두 저장한다. 또한 잎에 있는 양분조차 분해해 저장에 들어간다. 뽕나무의 경우에는 9월 20일이 되면 열흘 동안에 잎 무게의 40%가 준다. 줄어든 만큼의 양분이 줄기나 뿌리로 옮겨져 저장된다. 이렇게 양분이 빠져나가기 때문에 가을 잎은 거칠고 뻣뻣하기 그지없다. 그래서 가을 뽕잎을 먹고 지은 누에의 고치는 양분이 풍부한 봄 뽕잎을 먹고 지은 고치에 비해 가볍고 질이 떨어져 값이 싸다.

나무는 두둑이 먹은 저녁(가을의 저장양분)으로 이듬해 봄 잎과 꽃눈을 만든다. 저장양분은 봄에 어린잎과 꽃으로 태어나고, 어린잎이 성숙해서 광합성을 시작할 때까지 양분 공급을 계속한다. 뽕나무의 경우, 새 잎이 3~4장 필 때까지 전적으로 저장양분이 책임을 진다. 그런 이치를 모르는 누에농가가 가을에 욕심을 부리고 누에를 많이 칠 경우 반드시 이듬해 봄에 손해를 본다. 가을에 뽕잎을 지나치게 빼앗긴 뽕나무는 죽기 때문이다. 얼어 죽었다고 하지만 실제로는 굶어 죽는 것이다.

가을철에 병이나 해충으로 잎을 많이 잃은 사과나무는 이듬해 봄에 꽃이 안 핀다. 꽃눈을 만들지 못했기 때문이다. 또한 가을 태풍으로 잎이 타격을 심하게 받은 경우에도 가을철 저장양분을 만들지 못해서 이듬해 봄의 잎과 꽃이 제대로 피지 못한다. 이런 경우 가을에 요소비료를 물에 타서 남은 잎에 뿌려주면 피해를 줄일 수 있다. 요소는 엽록소의 원료가 되어 잎을 회춘시켜 저장양분을 만들 수 있게 한다. 다른 과수에도 이 원리는 적용된다. 가을 잎은 이듬해에 열리는 봄 과일은 물론 가을 과일에까지도 영향을 미친다.

튼실한 가지를 위한 선택

●   우리 아파트 주변에서 농사를 짓는 김 씨는, 얼마 전 논
둑에 심은 콩의 모가지를 낫으로 몽땅 쳐주더니, 지난주에는 가지의 큰
잎이란 큰 잎을 깡그리 따버렸다. 왜 그렇게 했느냐고 물으니 "그렇게 해
주면 콩은 꼬투리가 많이 달리고 가지도 크게 많이 달린다"고 하면서도
이유는 설명을 못했다.

내 어머니도 그렇게 하셨다. 당신이 바쁠 때는 어린 자식들에게 부탁
했는데 어머니는 아래쪽의 큰 잎이면 무조건 따서 사람이 많이 다니는
거리에 내다 버리라고 말씀했다. 많이 밟힐수록 큰 가지가 많이 열린다
는 것이다. 가지나무(그렇다. 가지는 원래 나무처럼 자라는 '나무'다. 다
만 우리나라에서는 겨울 추위에 죽고 만다)에는 잔가시가 있어서 어린
내게는 짜증나는 일이지만 언제나 바쁜 어머니를 생각하면서 군말 없이
하곤 했다. 그때야 으레 가지는 잎을 따주어야 하는구나 했고, 대학에
서 식물생리학을 배웠지만 가지 같은 건 안중에도 없었다.

왜 가지 잎을 따주면 수확이 많아지는 것일까? 식물에게 잎이 없으면
안 된다. 잎은 숨을 쉬는 호흡기관이고, 몸속에 있는 과잉의 물과 양분
을 배출하는 배설기관이기도 하다. 빛이 오는 방향을 알아차리며 음악
도 듣는 감각기관이다. 그러나 이 모든 역할을 다 합쳐도 양분을 만들
어내는 생산 공장 역할만큼 중요하지 않다. 따라서 잎을 따는 것은 공
장을 부숴버리는 것이나 마찬가지다. 그런데 왜 콩이나 가지는 잎을 따
버려야 하는가? 책을 뒤져보았지만 이렇다 할 설명이 없었다.

나는 농촌진흥청 홈페이지에서 국립원예특작과학원의 전자민원창구

가지를 따면서 바로 아래 잎도 함께 따주고 곁에서 나오는
쓸데없는 순도 따주면 좋은 가지를 많이 얻을 수 있다. 늙은 잎과
쓸데없는 순은 오히려 젊은 잎이 만든 양분을 소모하기 때문이다.

에 질문을 올렸다. 이튿날 곧바로 답변이 올라왔다. '일반적으로 열매를 맺는 작물은 줄기와 잎이 너무 무성하게 자라면 꽃이 적게 피고 열매가 부실하게 달립니다. 콩은 줄기와 잎이 무성하게 자라 땅이 안 보일 정도가 되면 줄기 윗부분의 새순을 따주는 것이 좋습니다' 그러나 가지에 대한 설명은 잘 이해가 되지 않았다. 나는 다시 질문을 올렸다. 이튿날 뜻밖에도 이 분야의 전문가인 임재현 박사가 직접 전화를 걸어왔다.

"가지는 바로 위와 아래 잎이 그 가지를 키워주기 때문에 가지를 따면 그 잎들은 더 이상 필요 없다. 바로 아래 잎을 따주면 남아 있는 가지에 햇빛이 더 많이 닿아 잘 자란다. 하나의 곁가지에 한 개의 가지만 남긴다. 가지가 달린 마디 바로 위의 잎을 제외하고 나머지 순까지 잘라주는 것이 좋다"고 설명했다. 그러니까 우리 동네 김 씨는 큰 잎을 너무 심하게 따버린 것이다.

잎도 늙으면 사람처럼 생산 활동을 접기 때문에 젊은 잎이 만든 양분을 소모하는 존재가 되고 만다. 따라서 열매가 더 클 수 없게 된다. 가지를 키우던 바로 아래 잎은 가지를 따버리고 나면 양분을 소모만 하기 때문에 놓아두는 것이 오히려 가지에게는 해가 된다. 곁에 나오는 새순도 자라는데 쓸데없이 양분만 축내므로 제거해 주어야 가지가 실하다는 설명이다. 잎을 따주는 것은 말하자면 고려장인 셈이다.

이와 반대의 경우도 있다. 어린 시절 사과로 유명한 충남 예산에서 살았는데 그 해 사과가 고스란히 나무에 달려 얼어버린 채 겨울을 났다. 일 년에 사과 다섯 개도 못 먹었던 시절이라 얼마나 아까워했는지. 사과 값이 폭락해 수확을 포기했기 때문이었는데 그래도 주인은 사과를 따버려야 했다. 눈물을 흘리며 팔지 못하는 사과를 따야 하는 것은 한 해

과실을 놓아두면 다음해 봄에 잎을 틔울 영양분을 달려 있는 사과에 빼앗겨 나무가 빈사상태에 빠지고 그 후유증이 몇 년 가기 때문이다.

우리네 사정도 이와 비슷한 일이 일어나곤 한다. 경제활동을 못하는 노인들이 지나치게 자식들에게 기대서 낭비를 하거나, 젊은이들이 쓸데없이 곁가지를 쳐서 노는데 시간과 돈을 낭비하는 경우가 그 예다. 우리 자신을 돌아보며 자신의 늙은 잎이나 곁가지를 잘 쳐 내는 일이야말로 자신을 행복하게 만드는 지혜이기도 하다.

나는 김 씨를 만나 가지나무를 놓고 이런 생리적인 원리를 자세히 설명했다. 농사짓는 데에 농촌진흥청의 유능한 전문가들을 잘 활용하면 많은 전문가를 거느리고 농사를 짓는 것과 다를 것이 없다.

새 촉을 얻으려면 꽃대를 잘라라

지독한 애란인이었던 우리 외삼촌은 난 꽃이 피면 하루 이틀만 꽃과 향기를 즐기고는 냉정하게 꽃대를 잘라버리시곤 했다. 나는 도저히 이해가 되지 않았다. 난을 기르는 이유는 꽃과 향기를 감상하기 위한 것인데, 왜 끝까지 감상하지 않고 서둘러 자르느냐고 물었다. 외삼촌은 꽃이 시들 때까지 보면 난이 지쳐서 새끼를 치지 못하기 때문이라고 대답하셨지만 이유에 대해서는 설명이 모호했다.

그 이유를 안 것은 식물생리학 공부를 하고 나서이다. 꽃이 피면 씨 꼬투리가 다 익을 때까지 모주母株는 씨를 맺기 위해 총력을 기울이기 때문에 겉으로는 멀쩡하지만 속은 곯아서 새 촉을 만들 여력이 없다. 꽃대를 잘라 난의 모성애를 그쯤해서 끊어주어 어미의 건강을 지키고 새 촉

동양란의 꽃대에 투명하게 매달려 있는 꿀방울이
개미를 부르고 있다. 꿀을 분비하고 향기를 퍼트리느라
지쳐버린 모주는 새 촉을 만들지 못한다.

을 얻으려는 배려에서이다.

동양란은 꽃이 피어 있는 동안 엄청난 에너지를 소모하고 있다. 벌을 부르려고 꽃에서 꿀과 향기를 내뿜는 것은 물론, 꽃대의 마디마다 있는 꿀샘에서도 계속 상당량의 꿀을 분비하기 때문이다. 이게 난과 다른 식물이 판이하게 다른 점이다. 어쩌면 벌이나 나비와 같이 나는 곤충은 물론 개미와 같이 기는 곤충까지 불러들이려는 전략인 모양인데, 그래서 난이 식물계 진화의 가장 높은 자리를 차지하고 있는 이유인지도 모른다.

사람 못지않게 식물도 이토록 후대를 위해 죽지 않을 정도로 진한 사랑을 퍼붓는다. 그래서 새 촉을 얻으려면 꽃대를 잘라 버려야 하고, 아름다운 장미꽃도 계속 보려면 시든 꽃은 바로바로 따주어야 한다.

화학분석을 해 보면 잎자루에는 잎보다 수십 배나 많은 양분이 들어 있다. 잎이 필요할 때마다 양분을 내어 주는 물류창고 역할을 하기 때문이다. 채소를 먹을 때 잎자루까지 먹는 것이 좋은 것은 이 때문이다. 나뭇잎이 우수수 떨어지는 은행나무나 느티나무와는 달리 담쟁이, 아까시나무, 두릅나무, 가죽나무 같이 잎자루가 굵고 긴 식물은 우선 잎이 떨어지고 나서도 잎자루는 오래 남아 있다. 잎자루에 저장되어 있는 양분이 줄기와 뿌리로 회수되고 나서야 떨어져 흙으로 돌아간다.

영산홍 꽃망울 주변에 있는 잎은 겨울 동안 꽃망울을 보호하고 봄이 되면 떨어져 거름으로 돌아간다. 꽃망울 주변 여러 장의 잎은 매서운 찬바람의 직격탄을 막아 꽃망울이 얼어 죽지 않도록 감싸며 겨울을 난다. 기온이 올라가면 잎은 남아 있던 양분조차도 꽃에게 넘겨주고 자신은 봄의 낙엽이 되고 만다. 흙으로 돌아간 낙엽은 다음 세대를 위한 거름이 된다. 이렇듯 식물도 다음 세대를 위해 온갖 방법을 다 동원한다.

담쟁이덩굴의 마지막 잎자루

●   담쟁이덩굴을 보면 오 헨리의 「마지막 잎새」가 떠오른다. 아마 이 이야기를 모르는 사람은 없을 것이다. 화가 지망생 존시는 폐렴에 걸려 시름시름 앓으며 죽음을 기다린다. 그는 창밖으로 보이는 담쟁이의 마지막 잎이 떨어지면 자신도 죽을 거라고 굳게 믿고 있다. 다음날 아침, 간밤에 심한 비바람이 몰아쳤는데도 마지막 잎새는 여전히 붙어 있었다. 그런데 그녀의 아래층에 사는 베어먼 할아버지가 갑자기 폐렴으로 세상을 떠난다. 마지막 잎새는 존시를 살리려고 밤 동안 차가운 비를 맞아가며 담쟁이덩굴에 잎을 그려 붙여 놓은 베어먼 할아버지의 마지막 걸작이었다. 자신의 목숨을 버리면서까지 젊은이를 살린 베어먼 할아버지의 사랑, 담쟁이 잎에도 그에 못지않은 사랑이 숨어 있다. 담쟁이덩굴은 우리에게도 익숙한 식물이다.

온 몸이 / 발이 되어 // 보이지 않게 / 들뜨지 않게 // 밀고 나아가는 / 저 눈부신 낮은 포복   —정연복의 「담쟁이」 전문

겨울로 접어드는 가을의 한나절, 꽃잎처럼 낙엽은 하염없이 한 잎 두 잎 낮은 데로 내려앉는다. 담쟁이덩굴도 여느 낙엽들처럼 잎이 떨어지지만 다른 모습을 보인다. 대부분의 잎들은 떨어질 때 잎자루까지 함께 떨어지지만, 담쟁이덩굴은 아파리만 먼저 떨어지고 잎자루는 한동안 줄기

담쟁이덩굴은 먼저 이파리만 떨어지고 나서
한참동안 잎자루에 남아 있는 양분을
모두 뿌리와 줄기에 옮겨 놓은 다음에야 진다.

에 붙어 있다 떨어진다.

잎자루는 양분이 잎으로 가는 길목이면서 잎이 필요한 양분을 저장하는 창고다. 잎자루에 있는 양분을 분석해 보면 어떤 성분은 잎보다 30배나 많다. 이렇게 저장한 양분은 잎이 요구하면 바로 보내준다. 그래서 무슨 채소를 먹든 잎자루까지 먹는 것이 현명하다.

담쟁이덩굴의 잎자루는 매우 길다. 긴 것은 20cm도 넘는다. 긴 만큼 잎자루 속에 저장된 양분도 많다. 담쟁이덩굴은 가을이 되면 1차로 잎에 있는 양분 중에 겨울 동안 필요한 양분을 빼내어 줄기나 뿌리에 저장시킨 후 떨어진다. 다시 상당한 기간 동안 잎자루에 있는 양분조차도 모두 빼내어 2차로 저장시키고 나면 마지막 잎자루까지 떨어진다. 긴 잎자루를 가진 두릅나무, 가죽나무 역시 담쟁이덩굴처럼 잎이 지고 나서 한참 있다가 진다. 잎자루가 남겨준 양분은 이듬해 새 눈이 돋는 데 쓰인다. 이들의 자식 사랑은 이토록 「마지막 잎새」의 베어먼 할아버지만큼이나 희생적이다.

나무줄기도 상행선과 하행선이 있다

●   몇 해 전 아프리카의 최북단 튀니지Tunisia에 머문 적이 있다. 튀니지는 산업이 아직 크게 발달하지 않아서 실업자가 많다. 튀니지 정부는 양잠으로 번 돈을 공업에 투자해서 성공한 우리나라에 도움의 손길을 청했다. 누에를 키워서 나라를 공업화시킨 나라가 세계에 딱 둘이 있는데 우리나라와 일본이다. 이 두 나라는 고치를 팔아서 공업화를 하는 종잣돈seed money으로 써서 성공을 거뒀다. 이 예를 보고 많

은 나라가 따라 했지만 성공한 나라는 없다. 고치를 얻기 위해서는 식물(뽕나무)과 동물(누에)을 기를 줄 알아야 한다. 거기서 얻은 고치에서 섬세한 비단실을 뽑으려면 고도의 산업기술과 '손재간'이 있어야 한다. 식물 기르기-곤충 키우기-가공업-정부지원의 네 박자가 맞아야 드디어 아름다운 실크가 생산되는 산업이다. 이질적인 여러 분야가 협력해야 하기 때문에 무엇보다도 정부가 적극적으로 지원하지 않으면 산업화가 어렵다.

그게 어디 쉬운 일인가. 우리보다 양잠의 여건이 훨씬 좋건만 튀니지 역시 양잠을 산업화할 만한 여건이 미흡해서 지난 10여 년 동안 답보상태에 있다. 이런 점에 비춰 보면 우리 국민은 수준이 얼마나 높은가. 후발국이면서 가전은 소니를 잡았고, 핸드폰은 모토로라를 잡았으며, 스마트폰은 아이폰과 겨루고 있다.

이야기가 옆으로 잠시 샜다. 나는 뽕나무 재배 전문가로 초청을 받아서 튀니지 공무원과 함께 차를 타고 현장으로 갔다. 도중에 산속에서 기묘한 나무숲을 보았다. 나무줄기의 껍질이 사람 키보다 높이 벗겨져 있고, 벗긴 줄기마다 붉은 페인트를 칠해 놓았다. 무슨 나무인지 물었더니 코르크를 생산하는 참나무_Quercus suber_라고 했다. 우리나라의 굴참나무와 사촌인 식물이다. 코르크는 포도주병 마개뿐만 아니라 건물을 지을 때 방음이나 보온을 위해 쓰이는 비싼 건축 자재다. 벗기고 10여 년 정도 놓아두면 껍질이 다시 돋아 나오는데 지난 100년을 반복해서 벗겨 왔다고 한다. 왜 붉은 페인트를 칠했는지 물었더니, 칠한 게 아니라 죽지 않으려고 나무 스스로 부름켜에서 분비한 물질이란다. 이것이 점점 두꺼워져 코르크가 된단다. 코르크나무를 보면서 내가 그 나무

코르크참나무가 껍질이 벗겨져도 살 수 있는 것은
남아 있는 줄기에 물관(상행선)이 있어서 여기를 통해
물과 양분이 벗겨진 윗부분에도 공급되기 때문이다.

로 태어나지 않은 것이 얼마나 다행인가 새삼 깨닫는다. 우리는 살갗에 눈꼽만큼 한 상처조차도 얼마나 아파하는가 말이다.

때로 우리나라에서도 이렇게 나무껍질을 빙 둘러 벗기는 환상박피環狀剝皮(몸매를 날씬하게 하는 여자의 속옷 '거들girdle'이 여기에서 나왔다)를 해준 모습을 볼 수 있다. 축대의 돌 틈이나 저수지 둑에 자라는 나무는 뿌리가 너무 자라면 축대나 둑이 무너질 위험이 있어 이를 막기 위해 하는 조치다. 이럴 경우 환상박피를 해주면 잎에서 만든 양분이 뿌리로 내려가지 못해 뿌리 성장이 억제된다. 물론 나무의 성장도 억제된다.

나무줄기에는 상행선과 하행선 고속도로가 따로따로 있다. 나무줄기를 가로로 잘라 보면 맨 밖에서부터, 껍질이 있고, 가운데로 가면서 체관-부름켜-물관의 순서로 되어 있다. 체관은 잎에서 만들어진 양분이 위와 아래로 이동하는 길이고, 물관은 뿌리에서 빨아들인 양분과 물이 올라가는 길이다. 체관은 상하행선이고 물관은 상행선이다. 마치 고속도로가 하행선과 상행선이 엄격히 구분되듯이 체관과 물관은 부름켜를 사이에 두고 엄격하게 구분되어 있다. 그래서 나무의 껍질을 벗기면 그 가까이에 있는 체관도 함께 떨어져 나온다.

만일 지금과는 반대로 물관과 체관이 뒤바뀌어 물관이 껍질 부분과 함께 있다면 어떻게 될까? 사람에게 있어서 정맥과 동맥의 위치가 뒤바뀌는 것과 같다. 피부에 보이는 정맥이 보이지 않는 살 속으로 들어가고, 보이지 않는 동맥이 정맥의 자리로 나와 있다면 피부가 조금만 상처를 받아도 걷잡을 수 없는 출혈이 일어날 것이다. 이렇게 위험한 동맥이 깊숙한 위치에 있는 것은 긴 세월 동안 진화를 거듭한 결과이리라. 그래서 어떤 인류학자는 "현존하는 모든 생물들은 가장 지혜로운 조상을 두었다"고 말한다.

　나무의 경우, 껍질과 함께 물관이 있다면 껍질이 벗겨진 나무는 물과 양분이 올라가지 못해 결국은 죽고 만다. 다행히도 물관은 딱딱한 목질부 속에 있고, 벗겨진 껍질에 체관이 있기에 나무는 죽지 않는다. 그렇지만 체관이 없어졌기 때문에 만들어진 양분이 뿌리로 가지 못하게 된다. 그럼 어떻게 뿌리가 자랄 수 있을까? 체관이란 고속도로 말고 지방도로도 있다. 지방도로를 통해 양분이 간다. 세포와 세포를 연결하는 통로(원형질연락사, 플라스모데스마타)와 세포벽 사이의 공간을 통해서 양분이 뿌리로 간다. 말하자면 서울서 부산을 가는데 국도도 아닌 지방도로로 영등포→안양→수원……→경산→밀양→김해→부산 식으로 가기 때문에 속도가 매우 늦다. 따라서 환상박피를 해주면 뿌리가 제대로 자라지 못해 전체적인 성장이 늦을 수밖에 없다.

　죽지는 않지만 껍질이 벗겨진 나무는 얼마나 아플까? 벗겨진 나무의 속살을 보고 있자니, 인간의 이기심을 바로 보는 것 같았다. 코르크참나무로 태어나지 않은 것만으로도 나는 참 행복하다.

동양란

🌡 _10℃ 이상
💧 _1주일에 한 번(추운시기에는 2주일에 한 번)
🌷 _동양란의 종류별로 다르다.

● 　　　한국, 일본, 중국 등지의 온대기후에서 자라는 동양란은 꽃과 모양이 서양
란에 비해 단아하고 고고하며 향기가 좋다는 것이 특징. 단아한 겉모습에 걸맞게 추
위에 강하며 생육도 순조로워 가꾸기도 쉽다. 동양란은 반그늘과 통풍이 잘되는 곳에
두는 것이 좋다. 에어컨, 온풍기처럼 인공적 바람이 있는 곳은 잎의 수분이 마르므로
피한다. 동양란도 벤자민고무나무처럼 분을 건드리거나 옮겨주는 것을 매우 싫어해서
한 곳에 오래 놓아두어야 한다. 분갈이는 2∼3년에 한 번 해주며 꽃이 진 다음 뿌리
의 죽은 부분은 자르고 포기가 많은 것은 포기를 나눈다. 난을 더 싱싱히 키우려면 잎
을 자주 닦아 잎의 숨구멍을 열어 주고 광합성을 원활하게 해 주는 것이 중요하다. 난
은 게으른 사람이 잘 키운다고 할 만큼 수분에 예민해서 자주 물을 주면 안 된다. 따
뜻한 계절에는 1주일에 한 번, 서늘하거나 추운 계절에는 2주일에 한 번 준다. 그러나
실내에서는 매주 주어야 한다.

❀ 건강한 동양란 구입하기

* 한 촉에 흰 뿌리가 3개 이상 있고 검은 얼룩이 없는 것
* 잎에 윤기가 있고, 자태가 아름답고 건강한 것
* 벌브(난 아래 밑동)가 크고 윤기 나는 것이 좋으며. 반점, 주름이 있는 건 피한다.

CHAPTER. TWO + +

식물은 광합성을 통해 양분을 만들고 그 양분을 뿌리에 저장해 필요할 때마다 사용한다. 그러므로 뿌리와 양분은 떼어 놓을 수 없는 필수불가결의 관계. 따라서 식물은 양분을 따라다니고 양분을 저장하기 위해 힘을 쓴다. 하지만 지나침은 모자람만 못하다고 했던가? 과습한 배추는 노랗게 되고, 칼리비료를 많이 준 목초는 마그네슘이 부족하며, 질소비료를 많이 준 벼는 누워버린다. 풍요로움이 행복을 만들어 주지는 않는다. 우리의 인생도 물질의 풍요 속에 자신의 고귀한 인간성이 상처받고 있는 건 아닌지 생각해보자. 뿌리는 깊되 내안에 정말 필요한 것만 적당히 담는 것! 그것이 지금 우리에게 필요하다.

Chapter 2. 뿌리와 양분

뿌리 깊은 나무
가뭄 안 탄다

식물은
유기물을 좋아해 〉〉〉

동물 대 식물, 누가 더 뛰어날까?

한 집안에 형제가 있다. 형은 공장을 돌려서 살고, 동생은 형에게 빌붙어 무위도식無爲徒食하면서 산다. 이 형제 중에 누가 더 뛰어날까? 일 안 하고도 잘 먹고 사는 동생이 더 잘났다고? 이렇게 생각하는 사람은 문제가 있다. 자기의 생활은 자기가 꾸려가는 것이 인간의 기본자세이기 때문이다.

말도 안 되는 질문 하나를 더 던진다. 식물과 동물, 누가 더 뛰어날까? 대부분의 사람들은 동물이 더 잘났다고 말하겠지만, 나는 식물이 더 잘났다고 본다. 왜냐하면 식물은 뿌리를 박고 한 자리에서만 일생을 살아야 하기 때문에 동물보다 훨씬 복잡한 생을 보낼 수밖에 없다. 앞서 말한 집안에서 식물은 공장을 경영하는 형님이고, 사람을 비롯한 동물은 얻어먹고 노는 동생으로 볼 수 있다.

「세상에 이런 일이」라는 텔레비전 프로에서 흙을 파먹는 중국 여자가 소개된 적이 있다. 그녀는 산에 가서 오염이 안 된 깨끗한 흙을 파다 먹는다. 그렇다고 그녀가 오로지 흙만으로 살 수 있다고 생각하면 오산이다. 과학을 잘 모르는 사람이다. 사람은 물론 모든 동물은 흙이나 물과 같은 무기물만으로는 살 수 없다. 거기에는 에너지를 낼만한 성분이 전혀 없기 때문이다. 호수바닥을 휘저어 먹고사는 저어새나 플라밍고 등을 들먹이며 이의를 달 수도 있다. 그러나 그들이 먹는 것은 흙이 아니다. 호수바닥에 가라앉아 있는 유기물이나 플랑크톤을 걸러서 먹는 것이다.

몇 년 전 세계적인 식량위기를 겪었을 때, 먹을 것이 떨어진 아이티 공화국에서는 '진흙 쿠키dirt cookie를 만들어 팔았다. 쉽게 목으로 넘길 수 있는 고운 진흙에 약간의 소금과 버터를 섞어 햇빛에 널어 말린 쿠키. 허기라도 잊으려는 사람들이 택하는 최후의 먹을거리다. 그것도 처음에는 1달러에 35개를 팔던 것이 시간이 흐르자 1달러에 20개를 판다는 외신보도가 있었다.

원래 아이티는 그런 가난한 나라가 아니었다. 쌀을 주식으로 하는, 카리브해 연안의 천국같이 아름다운 나라였다. 아이티 정부는 미국으로부터 싼 쌀을 들여오기 시작했고, 국민들은 싼 쌀에 재미를 붙인 결과 자국의 비싼 쌀은 고스란히 재고로 남았다. 쌀을 팔지 못하는 농민들은 생산을 중지했고, 논은 망가졌다. 쌀을 다시 생산하기에 지금은 너무 멀

아이티에서 만들어 파는 진흙 쿠키.

풀을 뜯어 먹어야 하는 젖소처럼
어떤 동물이든 식물에 의존하지 않고선 살 수 없다.

리 떠나와 있다. 남의 나라만의 이야기일까?

중국의 그녀도 군것질거리로 흙을 먹을 뿐, 끼니를 제대로 먹지 않으면 영양실조로 죽을 수밖에 없다. 식물이 만든 양식이 바닥난 곳에서 겪는 인간들의 비참을 요즘의 젊은 세대들은 모른다.

동물이나 식물이나 살기 위해서는 탄수화물, 단백질과 같은 유기물이 필요하다. 유기물이란 무기물의 반대되는 말로 불에 타고 썩는 물질이다. 비료에서도 요소, 용성인비와 같은 무기질비료는 썩지 않고, 퇴비, 계분 같은 유기질비료는 썩는다.

우리 몸은 유기물로 만들어져 있기 때문에 유기물을 오래 먹지 못하면 자신의 몸(유기물)을 녹여서 유지한다. 제대로 먹지 못한 아프리카나 북한의 어린이가 뼈다귀만 앙상하게 남는 것은 제 살과 뼈를 녹여 살기 때문이다. 더 이상 녹여 쓸 것이 없으면 '굶어' 죽는다.

이렇듯 동물은 자신이 유기물을 만들지 못하기 때문에 식물이 만든 유기물을 먹지 않으면 살 수 없다. 동물이 죽지 않으려면 제 몸을 움직여서 식물이나 다른 동물을 먹어야 한다. 이와는 반대로 식물은 움직일 필요가 없다. 햇빛과 공기, 그리고 물만 있으면 어디에 있던 스스로 유기물을 만들기 때문이다.

따라서 '움직이는 것은 동물, 움직이지 못하는 것은 식물'이라는 표현보다 '움직이지 않으면 살 수 없는 것은 동물, 움직이지 않아도 살 수 있는 것은 식물'이라고 하는 것이 더 정확하다. 한 곳에 뿌리를 박고 살아가야 하는 식물은 동물보다 더 열악한 환경에 견뎌야 하기 때문에 훨씬 뛰어난 적응력을 지닐 수밖에 없다. 그 때문에 식물이 동물보다 더 잘났다고 하는 것이다.

식물이 땅 냄새를 맡는다고?

요즘 젊은이들 중에 얼마나 땅 냄새, 흙 냄새를 맡아 봤을까? 많지는 않을 거라고 짐작한다. 고희를 바라보는 필자도 어린 시절 농촌에 살 때 맡아 보았을 뿐이다. 한여름날이 이울 무렵 달궈진 마당에 물을 뿌리면 더운 기운과 함께 흙 냄새가 확 밀려왔다. 흙 냄새의 장본인은 방선균Actinomyces odorifer 냄새인데, 도시에 사는 사람들은 시멘트에 둘러싸여, 농촌에 사는 사람들은 항상 맡고 있기 때문에 느낄 수가 없을 뿐이다. 몇 달이고 항해를 한 사람은 멀리서도 육지에 가까웠음을 흙 냄새로 알 수 있다고 한다.

식물도 땅 냄새를 맡을 수 있을까? 우리 어머니는 "그렇다"고 말씀하신다.

우리 집 베란다에는 여러 종류의 화초들이 수십 그루 살고 있다. 몇 해 전 5월, 화사한 꽃이 좋아서 영산홍 화분 하나를 사 왔다. 제법 자라서 꽃도 많이 피었는데, 몇 해가 지나자 꽃도 안 피고 잎도 누렇게 되어 하나둘 떨어졌다. 영산홍뿐만 아니라 다른 화초도 얼마쯤 두고 보면 결국엔 저절로 죽어갔다. 꽃을 길러 파는 친구에게 어떻게 하면 다시 꽃을 볼 수 있느냐고 물어보았더니 핀잔을 준다.

"야! 이 친구야. 몇 천 원짜리를 가지고 몇 년씩 즐기면 꽃 농사꾼들은 뭘 먹고 살라는 거야."

그의 말도 옳지만 마음을 주고받던 생명체가 사위어가는 모습은 보기에 딱하다. 죽어가는 화초에 대해 우리 어머니는 땅 냄새를 맡지 못해 죽어가는 것이라고 진단하신다. 어머니의 말씀대로 볕 좋은 5월의 어

비실비실하던 영산홍을 나무 그늘 밑에 놓아두어 빗물을 맞게
했더니 활기를 되찾았다. 빗물이 뿌리의 배설물을 씻어 주고
비료도 공급해 주었기 때문이다.

느 날, 죽어가던 화분 몇 개를 그리운 땅 냄새나 실컷 맡고나 죽으라고 아파트 정원에 내다 놓았다. 그런데 며칠이 지나자 남아 있던 몇 잎조차 모두 떨어져 버렸다. 아뿔싸! 베란다에서 제대로 볕을 보지 못했던 잎들이 갑자기 강한 햇빛을 받자 타버리고 만 것. 땅 냄새도 맡아보기 전에 무식한 주인을 만나 황천길로 가버리고 말았다.

그 다음부터는 나무 그늘에 놓아두었다. 그러자 신기하게도 죽어가던 화초들이 다시금 생기를 되찾고 새잎이 피어나기 시작했다. 화초가 땅 냄새를 맡아 회생이라도 한 것인가? 그럴 수도 있지만 화초를 되살린 것은 빗물이다.

식물은 끊임없이 뿌리를 통해 양분을 흡수하고 또 그만큼 배설한다. 사람이 두 그릇을 먹으면, 배설하는 양은 한 그릇 이하지만(나머지는 에너지로 전환된다), 식물은 두 그릇을 먹으면 먹은 만큼 싼다. 배설물은 강한 산성이라 뿌리 주변의 흙을 강한 산성으로 만든다. 이때 빗물은 강산성 성분은 물론 다른 각종 배설물질도 씻어주기 때문에 뿌리가 활력을 되찾을 수 있다. 말하자면 화장실 청소를 빗물이 해 주는 셈이다. 더구나 빗물 속에는 약간의 질소와 황 성분까지 들어 있어서 일거양득의 효과가 있다. 집안의 화초에게 물을 줄 때 흠뻑 주어 배설물을 씻어 주는 한편, 화초가 소비한 양분을 비료로 보충해 주면 화초가 잘 자란다.

이를 터득하고 화초가 하자는 대로 해주니 우리 집 화초는 언제나 예쁘게 자라고 있다. 농사를 지을 때도 석회를 주어 작물의 배설물을 중화시켜 주면 농사가 잘 된다. 그나저나 어머니의 혜안대로 어쩌면 화초는 땅 냄새를 맡고 살아났는지도 모른다. 과학적인 원인을 늘어놓았지만 화초로부터 직접 대답을 듣지 못하니 정답은 알 까닭이 없지 않은가.

이사 다니는 좀씀바귀

어릴 적 아버지는 이른 봄철이면 들로 나가 쑥이랑 씀바귀, 소리쟁이를 뜯어 와 어머니에게 씀바귀만 따로 무쳐달라고 하셔서 어린 나에게 먹이려고 애를 쓰셨다. 씀바귀가 봄철 입맛을 돋우며 몸에 좋다고 하셨지만, 한창 단것을 찾는 어린아이에게 쓰디쓴 씀바귀 반찬은 여간 큰 고역이 아니었다. 그래도 그때 얻은 미각의 묘한 기억이 아버지에 대한 그리움으로 남아서 봄이 되면 씀바귀를 찾곤 한다.

쓰다고 해서 '고초苦草', 또는 피를 깨운다 해서 '활혈초活血草'라고 부르는 씀바귀는 가을에 벌써 뿌리를 많이 키워 놓았기 때문에 이른 봄에도 잎은 한두 장밖에 안 되지만 뿌리는 아주 실하다. 살짝 데쳐 꼭 짜서 식초를 치고 약간의 양념과 함께 설탕을 조금 뿌려 조물조물 무친다. 한 젓가락 입에 넣으면, 새콤달콤한 양념 맛에 침이 나오지만 씹을수록 쓴맛이 입 안 가득 맴돌며 겨우내 몸에서 숨어 있던 식욕을 불러온다.

씀바귀를 먹을 때마다 어른들의 말씀은 하나도 그른 것이 없다는 것을 깨닫는다. 현대과학은 씀바귀가 스트레스와 피로를 억제하며, 특히 암을 억제하는 알리파틱aliphatics과 노화를 방지하는 시나로사이드 synaroside 성분이 풍부하다고 밝히고 있다.

벋음씀바귀, 선씀바귀, 좀씀바귀, 고들빼기 등 씀바귀는 종류도 많다. 나는 이 중 좀씀바귀를 가장 좋아한다. 잎이 동글동글하고 5월의 아침부터 피기 시작해서 한낮에는 무리를 지어 노란 꽃을 피운다. 고즈

좀쓴바귀는 세월이 흘러 사는 곳의 양분이 다 하고
병해충이 많아지면 슬그머니 반그늘지고
축축한 새 곳으로 이사를 간다.

넉한 시골집의 마당 귀퉁이나 풀숲에서 다른 씀바귀와는 달리 뿌리줄기
根莖가 사방으로 뻗어 나와 퍼지면서 꽃밭을 만든다.

> 돌틈이면 어때 / 시멘트길 깨진 틈새도 좋아 / 쇠똥 구르는 논둑길이라도 /
> 햇살만 먹으면 / 웃음이 나는 걸 / 나더러 그저 쓴나물이라 해도 / 햇빛 닮은
> 웃음이 나…
>   – 최선남의 「좀씀바귀」 일부

최선남의 표현처럼 좀씀바귀는 시멘트가 깨진 틈새나 논둑길에서나
어디서나 햇빛만 만나면 소박하면서도 해사한 웃음을 웃는 식물이다.
그래서 나는 좀씀바귀가 좋다. 유월의 햇살 아래 무리지어 노랑꽃을 피
우는 좀씀바귀는 다른 씀바귀에 비해 꽃이 아름다워 사람들이 좋아한
다. 몇 해 전 봄철에 연구소의 한 귀퉁이에 이놈의 줄기 몇 가닥을 끊어
다 심어 놓았다. 한 해가 지나자 꽃밭을 이루고 수백 송이의 노랑꽃을
피워, 보는 이들이 탄성을 자아냈다.

몇 해가 지나고 보니 좀씀바귀 군락은 반그늘이 들고 축축한 나무 밑
으로 옮겨가 있었다. 살다 보니 양분은 없어지고 병해충이 덤벼들어 살
기가 힘겨웠던 모양이다. 새 뿌리줄기는 부모가 사는 동네보다 더 좋은
흙을 찾아 뻗어 나간 것이다. 이처럼 당장은 모르지만 시간이 한참 흐
르고 나면 어느새 식물이 이동해 있는 것을 뒤늦게 알아차리게 된다.

좀씀바귀를 심은 자리에 오래도록 붙잡아 두고 싶다면 방법은 있다.
어린아이를 붙잡아 둘 때 쓰는 방법처럼 맛있는 것으로 유혹한다. 좀씀
바귀에게 맛있는 것은 무얼까? 영양가 풍부한 음식, 즉 유기물을 듬뿍
뿌려주면 된다.

숨어 있는 희망,
뿌리 〉〉〉

뿌리는 하루에 5킬로미터나 뻗는대!

  우리처럼 조상을 자랑스럽게 여기는 민족도 많지는 않을
것 같다. 잦은 전란을 피해 다니면서도 조상의 신주단지는 언제나 모시
고 다녔으니 말이다. 요즘은 거의 사라졌지만, 수인사를 나누는 자리에
서 성씨며 본을 따지는 것은 물론 혼사에는 예외 없이 집안의 근본을 캤
다. 그만큼 자신들의 '뿌리'를 귀중하고 자랑스럽게 생각한다는 증거다.
  『뿌리』의 저자 알렉스 헤일리는 어린 시절 할머니한테 들은 노예 이야
기를 쓰기로 결심한다. 할머니의 이야기를 더듬어 올라가서 자신의 7대
조 할아버지가 1767년 아프리카의 감비아에서 백인들에게 납치당해 노
예로 팔려온 쿤타 킨테라는 사실을 확인한다. 그는 자신의 뿌리를 찾기
위해 할아버지의 고향 마을로부터 시작해서 10년 동안 50만 마일을 여
행하면서 수천 명을 만난다. 그들로부터 수집한 자료를 통해 1750년부
터 1960년대 이르기까지 200년이 넘는 세월을 서술했다. 비록 노예로

베란다 식물학

비참한 일생을 살다 떠나간 이들이지만 작가는 조상들의 삶을 자랑스럽게 그렸다.

인간의 뿌리는 자랑과 긍지로 상징되지만, 식물의 뿌리는 생명 그 자체이다. 뿌리는 닻처럼 땅에 자신을 박고 버티면서 양분과 수분을 빨아들이기 때문에 뿌리가 뽑히면 곧바로 죽음과 직결된다. 그래서 뿌리는 기를 쓰고 땅속으로 땅속으로 파고든다.

생명의 키보드를 쥐고 있기에 상상을 뛰어넘을 만큼 뿌리는 자라고 또 자란다. 어떤 허풍쟁이가 자신의 밭에서 속을 썩이는 쇠뜨기(몇 해 전에 건강에 좋다고 마구잡이로 캤던 식물)에 넌덜머리가 나서 뿌리를 쫓아가다 보니 수천 리 떨어진 중국의 산둥성에 닿더라는 익살을 떨 정도다.

딤메르Dimmer라는 학자는 나무상자에 옥수수 한 포기를 심었다. 124일째 되는 날 상자를 해체해서 털뿌리를 포함하여 뿌리의 길이를 재보았다. 총 길이는 623km로 서울에서 부산을 왕복하고 다시 서울로 오는 거리만큼, 뿌리의 총 표면적은 테니스장 너비의 2.4배인 639m²나 되었다. 하루에 무려 5km씩 자란 셈이다.

우리나라의 조각자나무같이 가시가 달려 있는 사막의 메스키트mesquite나무는 지하 30m까지 곧은 뿌리를 내려 산에서 내려오는 지하수를 먹는다. 뿌리가 수원을 찾을 때까지 지상부의 성장은 최대로 억제하고 뿌리 뻗는 일에만 전심전력하기 때문에 묘목 크기의 나무라도 뿌리의 깊이는 그 수십 배로 상상을 초월한다. 흔히 대중 앞에 혜성처럼 나타나는 아이돌 그룹이나 명사들의 비하인드 스토리를 들어다 보면 무명 시절 메스키트가 뿌리를 키우려고 한 것만큼의 피나는 노력을 했음을

뿌리는 깊게 뻗을수록 가뭄에 덜 시달리고
더 많은 양분을 빨아들여 키도 큰다. 대형화분에 심겨진 코레우스는
가운데 키가 가장 큰 만큼 뿌리가 가장 깊게 뻗고 밖으로 나갈수록
뿌리의 깊이에 비례해서 줄기의 크기도 점차 줄었다.

알 수 있다.

뿌리는 물과 양분이 있는 곳을 용케 알고 마치 먹잇감을 향해 헤엄쳐 가는 물고기처럼 그곳을 향해 곧장 뻗어 간다. 뿌리가 깊고 넓게 뻗을 수록 키도 크고 줄기도 넓게 퍼진다. 그래서 가뭄에도 더 잘 견디고 더 많은 양분을 빨아들일 수 있다. 물론 더 많은 자손을 잉태할 수 있다.

길거리에 놓여진 대형화분을 보면 가운데 화초는 키가 크고 가장자리에 있는 것은 자라지 못해 화분 전체가 봉긋한 모습이다. 흙의 깊이와 꽃의 키가 비례하고 있다. 왜 이런가를 이해하는 농민은 흙을 깊게 갈아 주어 풍작을 거둔다. 또 농사의 고수들은 일부러 농작물이 말라죽지 않을 정도로 땅을 말린다. 농작물은 죽지 않으려고 있는 힘을 다해 물이 있는 깊은 곳까지 뿌리를 뻗어 간다. 그러는 과정에서 뿌리는 깊고 넓은 영토를 차지하게 되어 웬만한 가뭄에는 끄떡 없이 자란다.

이런 농업의 원리를 적용해서 훌륭한 아이를 만드는 가정도 있다. 아이가 충분히 노력을 한 후에 원하는 것을 갖도록 하는 방법이다. 아이는 원하는 것을 손에 넣기 위해 많은 경험을 하게 되고, 그 경험은 살아가면서 닥치는 역경을 건너는 좋은 돛배가 된다. 반대로 손 몇 마디 안쪽에 쥐어 주면, 그 아이는 참을성을 잃어 불만과 짜증스런 삶을 살게 된다.

오스틴은 말했다.

"그대의 마음속 깊은 곳에 인내를 심어라. 그 뿌리는 써도 열매는 달다."

인간이나 식물이나 뿌리를 깊이 뻗을수록 풍작을 거둘 수 있다.

살아 있는 질소비료 공장

　　　　　식물이 정상적으로 자라려면 14종류의 미네랄이 있어야한다. 그 중에서도 다량으로 소모하는 3대 필수 원소가 있는데 질소, 인산, 칼륨이 그 성분이다. 이 세 성분이 충분하지 않으면 잘 자랄 수가 없다. 그 중에서도 가장 중요한 것은 질소다. 질소가 없으면 나머지 13종류의 성분이 흙에 아무리 많아도 자라지 못한다. 그래서 농업인이 제일 귀중하게 생각하는 비료가 질소비료다. 질소비료 중에서 가장 흔한비료가 요소다.

　다른 비료들은 광석이 원료지만 질소비료의 원료는 공기다. 공기 중에있는 기체 질소를 고체 질소, 즉 황산암모늄이나 요소비료로 만드는 데는 에너지를 써야 하기 때문에 질소비료 값은 원유 값에 따라 오르내릴수밖에 없다. 공기는 79%가 질소이고 20%가 산소다. 그러니까 우리는질소를 마시는 셈이다. 사람이 공기를 마실 때 질소가 자동으로 몸에 고정된다면 굳이 고기를 먹을 필요가 없다. 고기의 주성분은 단백질이고단백질의 주성분은 질소이기 때문이다. 그런데 사람은 물론 어떤 동물도 어떤 식물도 기체 질소를 몸속에서 고정할 수 없다. 그렇게 할 수 있는 식물은 단 하나 콩과식물뿐이다. 콩 뿌리에 붙어 있는 뿌리혹만이 기체 질소를 단백질로 만들 수 있다.

　인산과 칼리비료는 광석鑛石이다. 인산비료의 원료는 인광석이고 칼리비료는 칼리광석이다. 최근 3년 동안 칼리광석은 7배, 인광석이 10배나오른 이유는 원광석이 한정되어 있기 때문이다. 비료 값이 싼 시대는 이미 지났다. 앞으로도 계속 오를 뿐 떨어지지 않는다.

새콩의 뿌리에 수수알처럼 붙어 있는 혹이
질소비료공장인 뿌리혹박테리아.
석회와 유기물을 충분히 주면 이 공장은
더욱 활발하게 잘 돌아간다.

비료를 절약할 줄 아는 농업인은 지혜롭다. 그보다 더 지혜로운 농업인은 질소를 직접 만들 수 있는 사람이다. 이를테면 흙 속에 천연질소비료 공장을 차려 주는 것이다. 즉 질소를 고정하는 박테리아를 활용하는 것이다. 흙 속에 있는 살아 숨 쉬는 질소비료 공장은 두 가지가 있다. 홀로 독립적으로 살면서 질소비료를 만드는 크로스트리디움clostridium과 콩 뿌리에 붙어서 공생하는 라이조비움rhizobium이 그것이다. 이들의 밥인 유기물이 많고 흙이 중성일 때 활동을 가장 활발하게 한다. 유기물을 충분히 주고, 석회로 흙을 중성으로 만들어 주면 크로스트리디움은 1년에 1헥타르당 최고 60kg을, 콩의 근류근은 220kg까지 질소비료를 만들어 준다.

그렇다고 콩과작물을 심고 네가 만들어 먹으라며 질소비료를 전혀 안 주면 콩이 제대로 자라지 못해 질소고정이 빈약하게 된다. 강하게 키운다고 해서 어려서부터 아이들에게 도움을 딱 끊고 냉정하게 대한다면 크게 성공할 수 없다. 아이들이 자립할 때까지 물심양면의 도움을 주어야 제대로 크는 것처럼.

반대로 '식스 투 원six to one'이라 해서 양가의 조부모, 부모, 모두 6명이 한 아이한테 올인하는 바람에 아이를 망치는 모양새처럼, 처음부터 질소비료를 너무 많이 주면 뿌리혹박테리아는 그것만 의존하고 제 스스로 고정하는 능력을 잃어버린다.

가을에 콩과작물인 헤어리베치와 호밀을 파종했다 이듬해 갈아엎어 주면 질소와 칼리질이 1헥타르당 300kg 정도 만들어진다. 녹비작물은 흙 속에 잠자는 비료를 흡수해서 작물이 쉽게 쓸 수 있도록 변화시켜 준다. 석회와 유기물을 주면 질소뿐만 아니라 인산과 칼리의 이용률도 높아진다. 이게 바로 비료를 아끼는 친환경농법이다. 여기에 농업기술센터에서 흙 분석을 받아 흙에 많이 있는 성분은 줄여주면 비료를 더욱 절약할 수 있다.

꽃을 피우지 못하는 고구마

"엄마, 밥은 읍대유?"

김치와 함께 달랑 찐 고구마 한 그릇이 놓인 밥상을 보고 학교에서 돌아온 아이는 묻는다.

"그려. 오늘 즘심은 그걸로 혀라."

실은 엄마의 점심은 없었다. 고구마도 수확이 막 끝난 밭에 가서 주어온 이삭이라는 걸 안 것은 아이가 대학에 들어가고 나서였다.

어쩌면 이런 에피소드는 내 어머니만의 얘기는 아닐 것이다. 어머니가 아니었어도 할머니, 증조할머니까지 올라가면 누구의 가계家系든 있다. 우리는 째지게 가난했고, 그때 고구마도 있었고, 이 땅 어머니의 눈물겨운 사랑도 있었기 때문이다. 실로 어머니가 희생으로 키웠기에 오늘 우리가 여기서 풍요를 누리고 있다.

이 땅에는 구황식물이 참 많았다. 산야에 널린 온갖 풀과 나무가 거의 다 포함된다. 그 중에 고구마만한 것이 있을까. 수많은 작물 중에 고구마만큼 그악스런 작물도 없다. 줄기를 끊어 흙에다 꽂기만 하면 뿌리를 내리고 아무리 가물고 척박한 땅에서도 고구마는 달린다.

르완다에서 고구마 순을 보았다. 호텔(이라고는 하지만 우리의 여인숙 수준에도 미치지 못하는 아주 소박한 집) 창문에서 내다보니 좀 떨어진

밭에서 아기를 들쳐 엎은 엄마가 괭이로 땀을 뻘뻘 흘리며 두둑을 만들었다. 며칠 후 그곳에 가 보니 그날 고구마 순을 내었던 모양인데 거의가 말라죽고 있었다.

여느 해 같으면 9월부터 우기가 시작되지만 그 해는 10월에도 바싹 마른 흙바람이 건듯 춤을 추었다. 걱정스러워서 지나가는 사람에게 물어 보았다.

"이렇게 순이 죽는데도 고구마가 달리나요?"

"그럼요. 아무리 가물어도 고구마는 먹어요. 그래서 고구마를 심지요."

얼굴이 칠흑같이 어두워 나이를 짐작할 수 없지만, 잘 해야 50세 이쪽저쪽(르완다는 말라리아 때문에 평균수명이 50세 정도). 그의 나이로 짐작하건데 그 아기 엄마가 고구마를 먹을 수 있을 거라는 확신이 들어 안심하면서 돌아왔다.

국내 학자의 계산을 들여다보면 고구마는 구황작물임에는 틀림없다. 생고구마 100g에는 128cal의 에너지가 들어 있다. 고구마는 적어도 10아르에 2.5톤(보통 3톤)은 생산되기 때문에 에너지로 따지자면 32만 4천 kcal를 생산하는 셈이다. 쌀은 100g에 348cal로 같은 무게에서 고구마의 약 3배 에너지를 낸다. 하지만 10아르에서 쌀 700kg(보통 600kg)이 나오면 에너지는 24만kcal, 고구마의 75%에 불과하다. 같은 면적에서 고구마는 벼에 비해 생산량은 5배, 에너지는 1.3배 이상 더 많이 만드는 셈이다. 말하자면 고구마는 태양에너지를 매우 잘 활용하는 작물이다. 그래서 과거에는 구황작물로, 최근에는 대체에너지작물로 관심을 끌고 있다.

베란다 식물학

다른 한편으로, 현대에 와서 고구마는 이미 구황식품이 아니라 새로운 다이어트 식품, 웰빙 식품으로 각광을 받고 있다. 고구마의 식이섬유가 변비에 좋다는 것은 누구나 다 안다. 더구나 요즘 색깔 고구마의 출현으로 항노화식품의 대명사가 되고 있다. 자색은 고열에도 파괴가 안되는 안토시안이, 주황색은 베타카로틴이 매우 높다.

나는 가끔 고구마로 아침을 먹는데 그날은 11시가 되면 어김없이 허기가 지곤 한다. 그래서 고구마 아침에는 반드시 삶은 계란을 곁들이는 것을 원칙으로 한다. 그럴 수밖에 없는 것이 고구마의 칼로리가 쌀의 3분의 1에 불과하기 때문이다. 배불리 먹어 포만감을 채워도 에너지가 낮으니 비만이 될 리 없다. 그러니 다이어트 식품으로 이보다 안성맞춤은 없을 것 같다.

이렇다 할 군것질거리가 없었던 어린 시절, 묵밭을 뒤져 메꽃 뿌리를 캐어 먹는 것은 큰 즐거움이었다. 호미로 캐어 옷에 쓱 문질러 입에 넣고 아삭아삭 씹으면 단물이 흘러나왔다. 고구마와 메꽃이 사촌임을 안 것은 고구마 꽃을 보고 나서였다. 아니, 닮은꼴로 보면 형제가 맞다. 고구마 꽃은 열대, 아열대에서는 잘 피지만, 온대인 우리나라에서는 보기 힘들다. 때문에 고구마 밭에서 꽃이 피면 경사가 있을 거라고 주인은 기뻐했다. 그래서 고구마 꽃은 '행운의 꽃'으로 지목된다.

왜 열대지방에서는 꽃이 잘 피는데 우리나라에서는 잘 안 피나? 고구마는 잎에서 양분을 만들면 무조건 뿌리로 보내 저장한다. 그러다 보니 잎에는 언제나 여분의 양분이 없어 가난하기만 하다. 잎에 양분탄수화물이 충분히 있어야 꽃을 피게 하는 호르몬이 만들어지는데 말이다. 죽는 힘을 다해 뿌리를 키우다 보니 어느덧 서릿가을이 온다.

고구마는 뿌리가 다 커야 꽃이 피는데 도중에 서리가 내리고 만다. 자식들에게 모두 다 주고 보니 당신들은 꽃을 피우지 못하는 우리네 부모님 같다.

꽃고구마는 뿌리를 키우는 대신 꽃을 석 달간이나 피운다. 모닝퍼플(위)과 모닝화이트(아래)

고구마의 생애를 들여다보다 문득 떠오른 모습들이 있었다. 우리네 어머니와 아버지의 인생과 엇비슷하지 않은가? 버는 족족 자식에 주다 보면 어느덧 삭신을 쓰지 못하는 시기가 온다. 노후대책을 세울 만한 여유가 언제 있었던가. 그 뒤의 이야기는 말 안 해도 다 안다. 자식들의 처분만 바라보며 시난고난 황혼을 보내고 있을 뿐이다.

꽃이 잘 안 피면 새로운 품종을 만들기가 어렵다. 꽃이 피어야 교배가 가능하다. 그래서 꽃이 잘 피도록 조치를 취해야 한다. 고구마는 나팔꽃과 같은 마과식물이다.

사촌인 나팔꽃 뿌리에 고구마 줄기를 붙이면 꽃이 잘 핀다. 왜일까? 나팔꽃 뿌리는 매우 빈약하다. 고구마 잎이 양분을 만들면 금방 뿌리를 채울 수 있다. 나팔꽃 뿌리는 비대해 질 수 없기 때문이다. 그러니 더 이상 뿌리에 저장될 수 없다. 잎에 양분이 가득해져서 개화 호르몬이 만들어지고 드디어는 꽃을 피운다. 이렇게 해서 농촌진흥청은 꽃 고구마를 개발했다. '모닝퍼플'과 '모닝화이트'가 바로 '꽃고구마'다. 아침마다 마디마다 석 달간이나 송이송이 '행운의 꽃'을 피워 화초로서 가치가 높다.

할아버지는 아궁이의 재를 모아 뒷간에다 모아 놓으셨다. 곧바로 밭으로 내가면 바람에 모두 날려 흩어지기 때문이다. 이렇게 모은 재는 고구마 순을 내려는 구덩이에 뿌리셨다.

"할아버지, 왜 고구마 밭에 재를 뿌린대유?"

"고구마는 재를 좋아혀서…"

재는 칼륨이 가장 많은 칼리비료이고, 고구마는 칼륨을 먹는 하마다. 칼륨은 광합성으로 만들어진 당$_{糖}$의 이동을 높여준다. 말하자면 칼륨이 당을 실어 나르는 대형 트럭인 셈이다. 광합성으로 만들어진 당이 그대로 잎에 남아 있으면 계속해서 광합성을 할 수 없다. 칼륨이 당을 뿌리로 옮겨 주면서 문제를 해결해 준다. 고구마의 엄청난 생산성은 칼륨의 작품이다. 그래서 고구마 전용비료는 질소의 2배 이상 칼리가 들어 있다.

우리 조상들은 아주 먼 옛날부터 알고 있었던 이런 사실이 과학적으로 밝혀진 것은 1960년대 후반이다. 지구별 230개 나라 중 국토면적 110위인 나라를 군사력, 외교력, 기술력, 인적자원, 자본력, 정보통신, 국내 총생산 규모, 정부 조정통제력 등 9개 지표를 종합한 국력 평가에서 9위의 나라로 만든 것은 지혜로운 조상의 피를 물려받은 덕이 아니겠는가?

구수한 향기 / 솔솔 풍겨 / 온 몸을 타고 흘러 / 입에 선 침이 고여 / 목구멍으로 / 꿀꺽 넘어 간다 / 중략… / 몸서리 치도록 추운 / 한 겨울에 따뜻한 / 군고구마 향과 맛이 / 몸과 마음에 훈훈하고 / 따뜻한 정겨움을 더 해준다.

— 정성훈의 「군고구마」 일부

뭐니뭐니 해도 겨울은 군밤과 군고구마의 계절이다.

완두콩

🌡 __15~20℃
🪴 __2~3일에 한 번
🌱 __3월 하순~4월 상순
🍅 __5월 하순~6월 중순

완두콩은 탄수화물이 주성분으로 단맛이 일품이고 단백질이 많다. 또한, 간암유발물질의 생성억제, 세포의 노화억제 성분이 있으며 어린 꼬투리까지 비타민이 풍부해 버릴 것이 없는 착한 식물. 완두콩을 키우려면 우선 씨앗을 구입해 물에 충분히 불려서 심어야 한다. 덩굴식물인 완두콩은 지지대가 없으면 줄기가 엉키므로 작은 막대나 나무젓가락을 화분에 꽂아 지지대를 만든다. 줄기가 지지대를 벗어나오려 하면 실이나 노끈으로 감는 것도 좋은 방법. 완두콩은 배수가 잘되는 흙에 심고 물은 많이 주지 말고 적당히 준다. 빨리 자라는 식물이라 아이들과 함께 볕이 잘 드는 베란다에서 키워보며 관찰하기에도 좋다.

🌸 완두콩 삶기 Tip

우선 완두콩을 껍질째로 물에 살짝 헹군다. 물을 자작하게 부으며 소금을 좀 뿌리면 단맛이 더해진다. 이후 뚜껑을 덮고 팔팔 삶는다. 색이 진하고 풋내가 안 나면 다 익은 것. 삶은 완두콩은 완두콩죽, 완두콩 주먹밥, 완두콩 카레 등 다양한 음식으로 재탄생할 수 있다.

양분,
적당한 양만 주세요 >>>

배추밭에 무슨 일이 있었나?

●　　　　우리 동네에 아주 자신만만하게 농사를 짓는 김 선생이란 분이 있다. 칠순에 가깝지만 트랙터, 수확기, 심지어 벼 건조기까지 갖추어 놓고 젊은이 못지않게 열심히 농사를 짓고 있다. 그는 집 근처에 600여 평의 배추밭이 있는데 처음에는 노랗고 자람이 시원찮았다. 김 선생은 원인이 비료부족 때문이라며 9월 하순에 접어들자 비료를 듬뿍 주면서 고랑에 물도 대주었다. 배추는 하루가 다르게 짙은 색으로 변하면서 속이 차고 포기가 살찌기 시작했다. 그러나 앞쪽의 상당 부분은 여전히 노랗고 자람도 지지부진했다.

왜 그런 것일까? 김 선생은 선뜻 대답을 못했다. 나는 그 앞을 지날 때마다 배추밭 머리에 한참을 서서 원인을 알아내려고 고심했다. 그날도 거기 서서 바라보다가 나도 모르게 무릎을 탁 쳤다.

"바로 그거다!"

아침나절에 물을 흠뻑 대주었는지 배추가 시원찮게 자라고 있는 쪽에는 고랑 가득 물이 고여 있는 것이 아닌가. 바로 과습過濕이 원인이었던 게다. 배수불량인데다 물이 밖으로 흘러나가지 못하도록 고랑을 막기까지 했다. 자람이 나쁜 고랑에는 이끼까지 가득 덮여 있었다.

왜 과습하면 배추가 노랗게 되는 걸까? 뿌리가 양분과 산소를 흡수하지 못하기 때문이다. 흙에서 양분이 뿌리로 들어오는 과정은 두 가지가 있다. 양분이 물에 녹아서 물과 함께 뿌리로 들어오는 경우(수동적 흡수)와 반대로 뿌리가 힘(에너지)을 써서 억지로 몸 안으로 빨아들이는 경우(능동적 흡수)가 있다. 수동적인 흡수는 거의 에너지를 쓸 필요가 없고 대부분의 양분이 이 방법으로 들어간다. 말하자면 식물이 밥을 물에 말아서 먹는 꼴이다.

대부분의 경우에는 양분이 흙보다 뿌리 안에 더 많지만 필요한 성분은 억지로라도 빨아들여야 하기 때문에 이때는 능동적인 흡수를 해야 한다. 따라서 에너지를 쓸 수밖에 없다. 에너지는 뿌리가 호흡한 산소를 써서 뿌리에 있는 탄수화물을 산화시켜서 만든다. 그런데 흙이 물로 꽉 차 있으면 산소가 부족해 에너지를 생산할 수 없게 된다. 따라서 양분흡수, 특히 질소의 흡수가 안 되서 잎이 노랗게 변한다. 뿌리가 좀 더 오래 물속에 있으면 썩는데 이번에는 뿌리 주변에 있는 각종 미생물이 뿌리에 축적된 당糖을 먹어 치우기 때문에 병이 걸리게 된다. 과습하면 잎은 노래지고 더 심하면 떨어지다가 더욱 더 심하면 그루 전체가 죽는다. 가물 때는 그렇게 귀한 것이 물인데, 장마 때는 너무 많아 나날이 누렇게 죽어가는 배추를 보면서 문득 과유불급過猶不及이라는 옛말이 떠올랐다.

몇 해 전에 다녀온 르완다의 물 부족 광경도 떠오른다. 이 나라의 평

배수가 좋은 부분의 배추는 왕성하게 자랐지만 과습한 부분의 배추는 노랗고 생장이 떨어졌다.

수확 직전 배추밭은 배수가 나쁜 부분(위)과 좋은 부분(아래)이 확연하게 드러났다.

배수가 나쁜 부분의 배추는 수확하지 않고 내버려 두었다.

균 해발은 1,200m, 면적의 80%가 산이다. 도시와 마을은 산기슭과 등성이에 있다. 1월부터 3월까지 비가 억수로 오지만 경사진데다 가난하다 보니 장마철에 물을 가둬둘 시설이 없다. 4월부터 9월까지 건기에는 마실 물조차도 변변치 않다. 아이들은 산 아래까지 내려가서 흙탕물 통을 머리에 이고 산길을 기어 올라온다. 우기는 지나치게 비가 와서, 건기에는 지나치게 가물어서 농사가 안 된다. 과유불급이다.

우리나라도 마찬가지다. 장마 때는 엄청나게 비가 오고, 봄과 가을은 가뭄이 온다. 그래도 우리는 장마 때 댐에 물을 가뒀다가 가뭄 때 흘려 쓴다. 지나침을 경제로 누그러뜨릴 수 있게 하는 게 국력이다. 자신의 지나침을 인내로 누그러뜨리는 것이 인격이다.

식물도 가끔은 과소비를 해

한때 '과소비가 미덕'이라고 정부가 부추긴 적이 있었다. 소비를 많이 하면 공장이 잘 돌아가 일자리가 많아지고, 국가가 발전한다는 이론이다. 그러다 보니 나라경제가 말이 아니었다. 개인이나 국가나 과소비를 하면 거덜이 나기 마련이다. 동서고금을 막론하고 '절약이 미덕'이라는 말은 진리로 통용되고 있다.

어떤 학자가 인간과 동물의 차이는 웃음과 과소비라고 주장했다. 하지만 개도 즐거우면 웃는다는 사실이 과학적으로 밝혀졌으니 이제는 과소비가 동물과 인간을 가르는 유일한 차이점인지도 모른다. 사자는 배가 꺼질 때까지 며칠이고 사냥을 하지 않는다. 정말이지 인간의 욕심은 그 끝이 없다. 필리핀의 하원의원 이멜다Imelda는 구두만 해도 6천 켤레, 이

중 3천 켤레가 이멜다구두박물관에 소장되어 있다고 한다. 매일 바꿔 신어도 8년 넘게 신을 수 있다고 어떤 친절한 사람이 계산해서 웹에 올려놓았다.

보통의 사람이라면 필요보다 약간만 더 소유해도 행복하다. 그러나 이것도 처음 소유하게 되었을 때의 이야기다. 소유하다 보면 소유가 다시 소유를 부르게 되고 현금 없이 쓸 수 있는 카드를 마구 긁게 되어 신용불량자가 양산되는 것이 오늘의 현실이다. 그도 그럴 수밖에 없는 것이 하루가 멀다 하고 새롭고 편리한 디자인의 상품들이 쏟아져 나오니 정신을 잘 차리지 않으면 소유욕에 휘둘리기 십상이다.

식물도 인간처럼 과소비를 한다. 식물의 과소비를 '사치소비Luxurious consumption'라고 표현한다. 식물은 모든 양분 중에 단 한 가지 성분을 제외하고는 필요한 만큼만 흡수한다. 키를 키우는 질소의 경우, 비료로 많이 주면 빨아들이는 만큼 자라므로 어느 정도 일정한 수준을 유지한다. 그러나 칼륨만은 그렇지 않다. 칼륨비료인 염화칼리를 많이 주면 주는 대로 빨아들인다. 문제는 거기서 일어난다. 칼륨-칼슘-마그네슘은 흡수하는 양이 일정해서 칼륨을 많이 흡수하면 나머지 두 성분은 그만큼 흡수가 줄어든다. 다시 말하자면 사람의 위장 같아서 떡을 많이 먹으면 밥과 빵은 적게 먹을 수밖에 없는 것과 같다.

1900년대 중반에 유럽에서는 한동안 원인을 알 수 없는 병으로 소들이 죽어갔다. 죽는 소는 심한 경련에 일으키다 쓰러졌지만 원인이 될 만한 병원균을 찾아낼 수 없었다. 한참 지나서야 밝혀진 사실은 뜻밖이었다. 그 병의 원인은 병균이 아니라 영양생리장애였다. 죽은 소 목장의 공통점은 목초가 잘 자라고 칼리비료를 많이 주었다는 점이다. 그런데

칼륨비료를 너무 많이 주면 식물은 칼륨을 과소비해서
마그네슘이 결핍된다. 마그네슘이 부족하면
늙은 잎부터 잎맥 사이가 황갈색을 띤다(환삼덩굴 잎).

이런 일이 요즘도 미국 플로리다에서는 일어나고 있다고 한다.

칼리비료를 많이 준 목초는 마그네슘이 부족해지고, 이것을 먹은 소는 마그네슘 부족으로 근육에 경련이 일어난다는 것이 밝혀졌다. 우리도 눈 밑에 경련이 일어나 병원에 가면 마그네슘 결핍 때문이라고 진단받고 마그네슘 제제를 처방받기도 한다. 글라스테타니grass tetany, 저마그네슘 혈성강축증라는 병의 원인이 밝혀지자 농가는 초지에 칼리비료를 적게 주는 한편 마그네슘이 들어 있는 고토비료를 주었다. 글라스테타니로 위급한 경우에는 소에게 직접 마그네슘을 먹이거나 주사하기도 한다.

우리는 지난 20여 년 동안 염화칼리를 너무 많이 주어서 흙에 상당량의 칼륨이 축적되어 문제가 되고 있다. 농사지을 때 농업기술센터에서 토양 분석을 받아보는 것이 우리의 건강을 위해서도 좋다. 어쨌거나 사람이건 식물이건 과잉소비가 해로운 것은 분명하다.

벼야, 이제 네 주인이 한 일을 말해봐

이른 아침, 우리 아파트 인근의 논둑을 산책하다 보니 유독 논의 한 부분이 내린 이슬 때문에 잎이 깊숙이 누워 있다. 빛깔도 더 진하다. 이슬은 모든 논에 똑같이 내렸을 텐데 왜 그 부분의 잎만 쓰러져 있는 것일까?

잎의 빛깔이 더 진하다는 것은 질소 과잉에서 오는 대표적인 증상이다. 질소를 많이 주면 같은 양의 이슬이 매달려도 더 깊숙이 누울 수밖에 없다. 질소는 식물을 못자라게 해 조직을 연하게 만들기 때문이다. 논 주인에게 왜 그런가를 물어보았다. 비료를 주다 급한 볼일이 생겨 다음날 다시 주었는데 잎이 깊숙이 누워 있는 부분에만 비료를 거듭 주게 되었단다.

산책길에 자주 만나는 김 선생이란 분이 있다. 일흔이 가까운 이 노인은 농사경험이 많아서 벼농사를 아주 잘 짓는다. 어느 날 논둑에서 만났다. 그 분 논의 벼는 영양실조에 걸린 듯 새끼도 많지 않고 비리비리해서 비료가 부족하다는 것을 한눈에 알 수 있다. 난蘭처럼 벼도 '분얼分蘖'이라 해서 어미 포기 뿌리에서 새 포기가 생기는데 새 포기를 '새끼'라고 말한다. 나는 왜 그의 벼만 비루먹은 망아지 같은가를 물어보았다.

"다른 사람들은 벼 복합비료에다 질소비료를 더 얹어 주지만 나는 복합비료만 줍니다. 보세요. 벼가 노릇노릇하지요?"

그렇다. 질소비료가 너무 많으면 잎이 진녹색이다 못해 검은색이지만, 반대로 부족하면 누렇게 된다.

"다른 사람들은 질소비료를 많이 주지요. 그럼 벼는 신이 나서 포기가 안 보이게 새끼를 막 쳐요. 그게 보기는 좋지만 통풍이 나빠 낭패를 보지요. 쌀도 나빠서 수매 때 2등밖에 못 받아요."

그 분은 자랑스러운 말투로 벼 수매에서 자신이 늘 특등을 받는 비법은, 극도로 질소비료를 아끼기 때문이라고 했다. 그의 지론은 매우 과학적이다. 오죽하면 우리 속담에 '논이 새까맣게 보이면 섶땔감만 많이 나온다'거나, '7월에 벼가 검은 집과는 사돈도 맺지 마라'고 했을까. 질소거름을 많이 주면 폐농廢農하게 된다는 경고다.

물론 질소거름을 주면 잘 자라면서 새끼도 많이 친다. 인산과 칼리 비료를 다 주어도 질소를 안 주면 비료를 안 준 것 같고, 질소만 주어도 거의 비료를 다 준 것만큼 큰다. '산이 높으면 그늘도 깊다'는 말처럼 질

점선 밖의 벼는 정상이지만 점선 안의 벼는 검고 축 처진 모습으로
주인이 비료를 많이 주었다고 말하고 있다.

소는 단점도 많다. 질소는 병과 해충을 불러들인다. 빨리 크는 만큼 조직이 연한 때문이기도 하지만, 병해충들도 자라고 번식하는 데 꼭 필요한 것이 질소라 질소가 많은 잎을 용케 알고 더 덤비기 때문이다.

또 다른 문제는 질소를 많이 주면 시고 떫게 된다. 질소가 단백질이 되는 만큼 자동으로 만들어지는 유기산 때문이다. 그래서 질소를 많이 준 벼는 잘 쓰러지고 밥맛도 떨어진다. 2010년 9월에 찾아온 태풍 곤파스에도 이런 현상은 어김없이 나타나서 잘 키우려고 질소비료를 많이 준 논은 벼가 다 누워버리고 말았다.

질소거름을 많이 주면 쌀에 단백질 함량이 높다. 질소가 단백질의 원료이기 때문이다. 영양가는 높지만 밥이 식으면 구운 고기처럼 빨리 굳어진다. 더구나 저장하는 동안에 단백질이 쉽게 변해서 문내(쌀이 변하면 나는 냄새)가 난다. 그래서 질소를 많이 준 벼는 등급이 떨어진다. 벼뿐만 아니라 어떤 식물이든지 자라는 모습을 잘 살펴보면 주인이 무슨 일을 했는지를 짐작할 수 있다.

CHAPTER. THREE + +

세대를 넘어 오랫동안 살아남은 데에는 저마다 비결이 있다. 다음 세대를 잇기 위해 헛꽃이나 냄새, 꿀로 곤충을 유인해 꽃가루를 묻혀 날려 보내는 일부터 쇠뜨기가 3억 년 동안 땅속줄기를 뻗으면서 새로운 새끼 쇠뜨기를 만들며 살아온 방법까지, 다음 세대를 위해 그들이 쏟은 열정과 전략을 본받아야 하지 않을까?

꽃이
먼저 피고
열매는
나중 맺는다

꽃이 피는 조건,
온도 >>>

꽃잎에는 자동온도 감지기가 있다

● 　　　동물과 식물이 공통적으로 몸 가운데서 가장 민감한 부분은 어디일까? 아마도 생식기가 아닐까 싶다. 특히 식물에서 꽃보다 더 민감한 부분은 없을 것 같다. 꽃은 환경에 따라서 시시각각으로 변한다. 그만큼 자손을 퍼뜨리기 위해 온갖 지혜를 다 동원한다. 우리 주변에서 흔하게 볼 수 있는 해바라기 꽃이 태양을 쫓아다니는 행동도 알고 보면 씨를 더 많이 영글게 하려는 작전이다.

추운 북극, 그것도 산악 바위틈에서 자생하는 북극담자리꽃나무*Dryas octopetala* 꽃은 아주 특이하다. 장미과의 관목으로 흰 꽃잎이 8장인 이 식물은 해바라기와는 달리 수정이 끝나서 꽃잎은 져도 꽃대가리(사람을 빼놓고는 머리를 모두 '대가리'라고 한다)는 해를 쫓아다닌다. 꽃이 마치 위성안테나의 접시 모양으로 핀다. 태양을 따라 목을 움직이면서 열을 모아 두기 위함이다. 꽃을 따뜻하게 덥혀 놓으면 벌과 곤충이 많이 모여

튤립 꽃잎의 아랫부분은 낮은 온도에서,
윗부분은 높은 온도에서 상대적으로 더 자라므로
기온에 따라 꽃이 열리고 닫힌다.

웨딩세리머니를 벌인다. 추운 지역에서 씨가 익으려면 역시 태양에너지가 필요하다. 그 때문에 꽃대가리는 해를 쫓아 다닌다.

북극담자리꽃나무에 대해 스웨덴의 룬드Lund대학의 학자들이 한 실험이다. 햇볕을 가린 꽃, 꽃잎을 모두 떼어버린 꽃, 모가지를 움직이지 못하게 한 꽃, 움직이게 놓아둔 꽃 등에 대해 기온과 암술의 온도차를 재보았더니, 순서대로 1.1, 1.8, 2.5, 3.2도 차이를 보였다. 씨 한 개의 무게도 순서대로 0.42, 0.48, 0.53, 0.61mg이었다. 꽃이 태양을 따라 움직이면서 얼마나 많은 에너지를 모으는 지를 짐작할 수 있다.

꽃모가지가 해를 향해 움직이지 않는 대신 온도에 따라 꽃잎을 여닫는 화초가 있다. 튤립이 대표적인 꽃이다. 벌이 날아다니는 따뜻한 온도에서는 꽃을 열고, 아침저녁으로 기온이 떨어져 벌이 오지 않는 때는 닫는다. 물론 한낮에도 구름에 가려 기온이 떨어지면 즉시 닫는다. 이러한 자동온도감지시스템은 튤립 꽃잎의 아랫부분과 윗부분이 다른 온도에서 반응하기 때문이다. 튤립 꽃잎 아랫부분은 3~7도의 낮은 온도에서 상대적으로 더 잘 자란다. 아랫부분이 윗부분보다 더 자라면 꽃은 닫힌다. 반대로 기온이 10~17도로 높아지면 꽃잎 윗부분이 상대적으로 더 자라 꽃이 열린다. 크로커스나 튤립 꽃은 갑작스럽게 기온 차가 0.2~1도 변해도 즉시 꽃잎을 여닫을 정도로 민감하다. 이런 꽃들은 마치 우리네 어머니들이 여우비에 장항아리를 닫았다 열었다 하듯이 변덕스런 날씨에는 하루에도 몇 번씩 꽃잎을 여닫는다.

임이 너무 그리워요, 상사화

●　　　　　꽃이 귀한 이른 봄에는 잎도 꽃만큼 아름답다. 그런 식물 중 하나가 상사화다. 3월 초만 되어도 따뜻한 양지에 뾰족하게 잎을 내미는 상사화는 얼마나 아름다운가. 하루가 다르게 자라는 잎을 좇아 꽃대가 올라올 것 같지만 꽃은 쉽게 피지 않는다. 6월로 접어들면 잎은 누렇게 시들고 삭아서 화단에서 사라진다. 꽃도 피우지 않고 스러져 버리는 상사화가 얄밉다. 지상에 보이는 것은 아무 것도 없다. 하지만 7월 하순 경에 잎이 삭아 없어져 버린 자리에서 꽃대가 뜬금없이 올라온다. 그것도 나팔 모양의 소박한 연분홍 꽃이 무리지어 핀다. 잎은 잎대로 아름답고 꽃은 꽃대로 아름답다. 안타깝게도 이들 꽃과 잎은 서로 영원히 만나지 못한다. 그래서 상사화相思花다.

또 다른 종류의 상사화가 있다. 추석 무렵 고창 선운사 주변 산을 온통 태우듯이 붉게 피는 꽃무릇석산, 石蒜이 그것이다. 원산지인 일본을 다녀온 스님들의 수행바랑에 얹혀 왔다고 전해진다. 불과 몇 년 전만 해도 충청도에서도 보기 어려운 화초였으나 지구온난화 덕에 북상해서 광릉의 국립수목원에서도 볼 수 있다.

고창 선운사에 가서 봄 동백, 여름 배롱나무, 그리고 가을 꽃무릇 중 한 가지만 보아도 먼 길을 달려간 보람이 있다. 게다가 풍천 장어구이에 막걸리 한 잔을 기울이면 한껏 풍류를 누리는 셈이다. 봄 동백은 꽃도 아름답지만 미련 없이 뚝— 떨어져 버리는 모습이 변심한 애인을 보내고 말없이 돌아서는 비장한 사내의 어깨 같아서 매력이 있다. 대웅전 앞에서 여름 내내 선홍빛으로 피는 두 그루의 배롱나무는 군더더기가 없는

상사화는 봄에 돋아난 잎이 사라지고 나서 여름에야 꽃이 피고,
꽃무릇은 꽃이 사라지고 나서 가을에 잎이 핀다.
꽃과 잎은 영원히 서로 만나지 못해 상사병이 걸렸다고 한다.
햇빛을 최대로 이용하기 위한 작전이기도 하다.

한창 나이의 여인 같이 풍성하다.

몇 해 전, 삼복의 끝자락에 선운사를 찾아간 적이 있다. 그 며칠 전에 폭우가 쏟아졌다고 한다. 선운사 계곡에는 까놓은 알밤들이 어지럽게 나뒹굴고 있었다. 알고 보니 폭우에 드러난 꽃무릇의 알뿌리들이었다. 두어 줌을 주워 친구들에게도 나눠주고 우리 집 베란다 화단에도 심었다. 3년이 지나서 작년 8월 30일 진홍의 꽃이 11송이나 피었다. 정말 아름다웠다. 해마다 추석 즈음에 핀다는 스님의 말씀이 생각나 추석을 쇠고 다음날로 선운사로 달려갔다. 아! 거기에 온 산을 불태우는 꽃무릇, 꽃무릇, 꽃무릇……

꽃무릇은 잎이 지면 꽃이 나오는 상사화와는 반대로 꽃이 지고 잎이 나온다. 그래서 이 역시 꽃과 잎은 영원히 만날 수 없다. 꽃무릇은 하늘을 가로막았던 다른 나무의 잎이 낙엽이 되어 하늘바라기를 방해하지 않는 가을-겨울-봄 동안에 광합성을 한다. 3월에 접어들면 잎은 누렇게 시들고 드디어는 스러져 흔적조차 없어진다. 이 시기는 광합성을 방해하는 나뭇잎들이 하늘을 덮기 시작하는 때이기도 하다. 상사화의 땅속뿌리(실은 비늘잎이다)는 봄-동화작용, 여름-개화, 꽃무릇은 가을~이른 봄-동화작용, 가을-개화를 정확히 알고 있다. 이렇듯 뿌리는 깜깜한 흙 속에 묻혀 있어도 계절이 바뀌는 것을 훤히 꿰뚫고 있다.

식물생태학의 아버지라고 불리는 덴마크의 라운키에르Christen Raun-kiær는 가을에 둥굴레 뿌리(실은 땅속줄기다)를 땅에 심으면서 이런 실험을 했다.

그것들이 늘 뻗는 정상 깊이로 심었다. 뿌리는 그 깊이로 줄기를 뻗어 겨울눈을 틔울 준비를 했다. 그보다 얕게 심은 것은 땅속으로 뻗어 정상 깊이까지 내려갔고, 정상보다 깊게 심은 것은 새 줄기가 비스듬히 자라서 정상 깊이까지 올라왔다. 얕게 심고 그 위에 그릇을 덮어 햇빛을 완전히 차단한 것은 깊게 뻗기는커녕 깊게 심은 것처럼 땅 표면까지 뿌리가 돋아 올라왔다. 땅속줄기가 깊이 있다고 착각한 때문이다. 이렇게 겉으로 올라온 줄기는 겨울 동안 모두 얼어 죽었다.

상사화나 꽃무릇의 뿌리는 깜깜한 흙 속에 있으면서도 지온, 햇빛의 양, 비추는 시간 등을 종합적으로 판단해서 때에 맞춰서 꽃과 잎을 내민다. 식물을 세밀하게 들여다보면 이처럼 자신의 의지가 작용하고 있음을 느끼면서 신비감이 마음을 채운다.

해바라기 꽃이 활짝 피었습니다

꽃들이 빛의 방향을 잡지 못해 동서남북으로 제각각 얼굴을 돌리고 있는 도심 속의 해바라기 모습을 보고 있노라면 딱한 생각이 든다. 극성맞은 부모 밑에서 이래라 저래라 잔소리에 갈피를 잡지 못해 허둥대며 자라는 요즘 어린아이들을 보는 것 같기 때문이다.

미국에서 공부하는 동안 노스다코타주를 여행하면서 입이 딱 벌어진 적이 있다. 수평선까지 펼쳐진 해바라기 밭에 수억만 송이 꽃들이 모두 해를 등지고 서 있는 나를 반겨주는 듯 얼굴을 향해 있었다. 시야가 온통 깊은 하늘의 쪽빛과 노란 꽃 빛으로 양분화 한 풍경은 정말 장관이었다(사진을 찍어 놓지 않은 것이 두고두고 후회스럽다).

해바라기는 아침의 해를 따라 동쪽으로부터 저녁나절 서쪽으로 고개를 돌린다. 이튿날 아침이 되면 수천 수백만 개의 얼굴이 어김없이 해가 뜨는 방향으로 향해 있다. 꽃은 물론 아직 열리지 않은 꽃봉오리조차도 해를 쫓아다닌다.

무엇이 햇빛이 오는 쪽을 알아채고 쫓게 하는가를 알기 위해 알루미늄 포일로 꽃의 둥근 얼굴을 완전히 뒤집어씌운다. 그래도 꽃은 여전히 해를 쫓아다닌다. 재미있는 사실은 햇빛의 방향을 알아채고 움직이는 부위가 꽃의 얼굴이 아니고 모가지라는 점이다. 그래서 꽃의 모가지를 알루미늄 포일로 감싸 놓으면 꽃은 해를 쫓지 못 한 채 그 자리에 정지해 있다. 꽃모가지에는 빛을 매우 예민하게 느끼는 센서, 즉 광탐지기가 있다. 이 센서가 햇빛을 받으면 옆의 기동세포機動細胞, motor cell에 연락을 한다. 기동세포 안의 칼륨이온은 센서의 지시에 따라 세포 안팎으로 들락거릴 수 있게 되어 있다. 빛이 비추면 빛을 받은 세포에 있는 칼륨이온이 반대쪽 그늘진 세포로 들어간다. 물은 이온 평형을 맞추기 위해 자연히 칼륨을 따라 반대쪽 그늘이 든 세포로 들어간다. 빛이 오는 쪽 세포는 물이 나가 쭈그러드는 반면에 그 반대쪽 세포는 들어온 물로 부풀어 오른다. 칼륨이 드나드는 양은 햇빛의 양에 비례한다. 따라서 드나드는 물의 양도 칼륨이온의 양에 비례한다. 때문에 햇빛 쪽의 세포 크기는 줄어들고 반대방향의 세포는 팽팽해지므로 자연히 해바라기의 모가지는 해를 따라 움직일 수밖에 없다.

이런 내용의 글을 어딘가에 썼더니 한 신문기자가 전화로 질문해 왔다.

"그런데 우리 사옥에 서 있는 해바라기는 하루 종일 묵묵히 한쪽으로 고개를 처박고 있다. 왜 그런가?"

나는 이렇게 대답했다.

"고개를 처박고 있는 해바라기는 씨가 거의 익었거나 한 그루에 여러

해바라기 꽃이 봉오리 적부터 해를 쫓아다니는 것은 꽃모가지의
기동세포에 빛을 느끼는 광센서가 있기 때문이다.
꽃모가지를 검은 천으로 가리면 하염없이 한 방향만 보고 서 있다.

개의 꽃이 핀 경우다. 해바라기가 해를 쫓아다니는 이유는 꽃이 따뜻한 열을 받으면 씨가 익는 데 도움이 되기 때문이다. 또한 꽃잎도 약하게나마 광합성을 하여 씨가 크는데 보탬이 되기 때문에 해를 따라다닌다. 씨가 가득 차면 더 이상 해를 쫓아다닐 필요가 없게 된다. 움직이면 역시 에너지를 소비된다. 그걸 영리한 해바라기는 계산하고 있다."

"한 그루에 여러 개의 꽃이 피었는데 모두 산지사방으로 얼굴을 향하고 있다. 왜 그런가?"

"도시의 해바라기는 어디로 향해야 할지 저희들도 어쩔 줄 몰라 하는 것 같다. 그래서 모가지가 구구각각이다. 도심 한 가운데의 모든 해바라기가 해를 쫓지 못하는 것은 사방의 유리창에서 난반사 되는 햇빛에 갈피를 잡지 못하기 때문이다. 밤조차도 가로등 불빛이 사방에서 비춰 꽃은 갈팡질팡할 수 밖에 없다."

해바라기 말고도 목화, 알팔파, 콩, 강낭콩의 잎도 해를 쫓아다닌다. 구름 낀 날 콩잎을 보면 야단맞은 아이처럼 고개를 푹 숙이고 있다. 광원光源이 사라져 어찌할 바를 모르기 때문이다. 이렇게 떨어뜨리고 있던 잎도 해가 나타나면 즉시 잎자루를 움직여 해 방향으로 향한다. 그 속도는 한 시간에 60도나 되고 해가 하늘을 가로지르는 속도보다 4배나 빠르다.

그나저나 도심의 난반사에 갈팡질팡하는 해바라기 모습을 보면 참견을 많이 하는 부모들의 아이를 보는 것 같다. 아이들은 가만히 놓아두어도 제가 가야할 방향으로 해바라기처럼 잘 간다. 부모가 자기 갈 길을 제대로만 가고 있다면……

튤립

🌡 __ 15~20℃
🫖 __ 2~3일에 한 번
🌱 __ 10~12월
🌷 __ 4~5월

튤립이 우리 집 베란다에 핀다면 얼마나 황홀할까? 매년 놀이동산의 튤립 축제에서만 볼 수 있는 튤립을 베란다에서 만나는 노하우가 있다. 튤립은 1개의 구근에 1개의 꽃이 피는 대표적인 구근알뿌리식물로 가을에 심고 꽃은 봄에 핀다. 구근을 심을 때는 구근끼리 서로 닿지 않게 떼어 묻고 구근의 1/3은 지상에 나오게 얕게 심고 물을 충분히 준다. 튤립을 심고 꽃피는 봄까지 양지바른 곳에 두었다가 꽃이 피고 시들면 그늘에 두는 게 좋다. 이것은 구근이 커지는 것을 돕기 위한 것으로 꽃이 지면 구근을 수확해 보관했다가 다시 심을 수 있기 때문이다. 잎이 누렇게 되면 구근을 수확, 저장할 수 있다. 수확한 구근은 적당히 서늘하고 어두운 창고에 보관해 여름에서 가을까지 잠을 자게 해준다. 구근은 인터넷 사이트나 꽃시장에서 구할 수 있다.

❀ 튤립의 꽃말

빨간색 사랑의 고백
자주색, 분홍색 영원한 사랑
노란색 헛된 사랑
흰색 실연
보라색 영원하지 않은 사랑

딴꽃가루받이를
위한 신경전 〉〉〉

소나무의 시크릿 전략

　　　　　나는 사람들이 "몇 백 년 전에 어떤 사람이 이런 말을
했다더라"는 말을 들으면 마치 꿈 이야기를 듣는 것만 같다. 이처럼 몇
백 년도 아득한데, 지금의 사람과 비슷한 인류는 약 3백만 년 전에 나타
났고(나는 중학교 다닐 때까지만 해도 단군이 인류 최초의 인간이라고
믿고 인류역사는 반 만 년이라고 생각했다), 식물은 이보다 훨씬 더 멀
고 먼 4억 년 전에 처음 이 지구상에 나타났다니!

　어찌 보면 4억 년이나 3백만 년이나 상상도 할 수 없는 먼먼 옛날이라
는 점에서는 오십보백보라 할 수도 있겠지만 인간이 식물보다 훨씬 늦
게 나타난 것만은 사실이다. 우리가 어려서 찍은 사진과 요즘 아이들을
비교해 보면 우리의 모습은 마치 동남아의 원주민 같아 보인다. 불과 60
년 사이지만 큰 변화가 있었다. 그러니 식물과 인간을 진화라는 면에서
비교해 본다면 인간은 식물과 게임이 안 될 성싶다. 인간은 저들이 제일

잘난 줄 알지만 식물은 아직도 인간이 모르는 수많은 비법과 비밀을 지닌 채 오늘도 말없이 살아가고 있다.

지금과 같은 모습으로 지구상에 가장 오래 살아온 식물 중의 하나가 은행나무다. 은행나무는 약 2억 7천만 년 전 고생대 말기 페름기의 화석을 보면 그때 잎의 모습으로 지금까지 버텨왔다. 그럴 수 있었던 비결은 무엇일까? 온몸을 독으로 무장한 데다 어떤 역경에도 살아남을 수 있는 다양한 유전자를 지니고 있기 때문이다.

가을철에 낙엽을 아무리 보아도 병에 걸리거나 벌레 먹은 잎이나 은행을 찾을 수 없다. 왜일까? 독 때문이다. 열매가 익으면 지독한 쿠린내가 진동하고 만지면 옻이 오른다. 씨를 날로 먹으면 복통과 설사를 일으킨다. 독성이 강한 청산칼리도 미량으로 들어 있어 익히면 상당량이 분해되지만 그래도 남아 있어서 심한 경우에는 5~6개를 먹고도 중독에 걸리는 경우도 있다. 이 때문에 한꺼번에 많이 먹으면 안 된다. 그것뿐만 아니라, 메틸피리독신이라는 독성분은 중추신경을 지나치게 흥분시켜 경련을 일으키기도 한다. 잎에는 징코린산이란 독성(이 성분을 혈류개선제로 쓰지만)이 다량으로 있어서 피부 알레르기와 신경독성을 일으킨다. 그 때문에 은행나무를 건드리는 것은 곤충이나 인간에게 어리석은 짓이라는 사실이 각인되어 있기에 2억 7천만 년을 버틸 수 있었다.

독이 있다고 다 오래 버티며 살 수 있는 것은 아니다. 냇가에 무리지어 사는 고마리도 독 때문에 벌레들이 덤비지 못한다. 그렇다고 고마리가 은행나무처럼 오래 살아온 식물은 아니다. 그러면 은행나무가 긴 세월 살아온 비결은 무엇일까? 다양한 유전인자 덕이다. 은행나무는 암나무와 수나무가 따로 있다. 은행나무가 생긴 것은 똑같아 보여도 열매를

소나무는 제꽃가루받이를 피하기 위해 수꽃(아래 구더기 같은
것)이 피고 진 이후에 암꽃(위의 작은 솔방울)이 핀다.

보면 굵은 놈, 작은 놈, 많이 달리는 놈, 적게 달리는 놈, 열매가 포도송이처럼 주절주절 달리는 놈, 꽃사과처럼 조롱조롱 달리는 놈 등 매우 다양하다. 다양한 유전자가 열매를 그렇게 만들었다. 암수가 딴 그루라 꽃가루가 제 나무의 것은 애당초 없는데다(은행은 환경에 따라 암수가 바뀌는 묘한 나무이지만, 아직도 정확한 원인은 모른다) 바람이 여러 나무의 꽃가루를 날라다주므로 유전자가 마구 섞여서 셀 수 없는 잡종 자식들이 생긴다. 이렇게 유전자가 마구 섞인 것들은 어떤 환경에서도 살아남을 수 있다.

암·수꽃이 한 나무에 피는 소나무는 제 나무의 꽃가루는 '노 땡큐'다. 싫어하는 정도가 아니라 제꽃가루받이가 된 것은 수정이 아예 이뤄지지 않는다. 겹치는 유전자가 많은 자식은 험한 환경에 버티기 힘들기 때문이다. 그래서 제꽃가루받이가 될까봐 수꽃이 먼저 피었다 지고 나서야 암꽃인 솔방울이 핀다. 그런대도 잘못해서 제 꽃가루가 암술머리에 닿으면 암술대에서 씨방으로 향해 뻗어가는 꽃가루관을 효소로 죽여 버린다. 그 때문에 솔방울을 따서 까 보면 100여 개의 씨 중에 통통하게 영근 씨는 고작 10개 정도다. 나머지 90여 개는 제 암술머리에서 내뿜은 독 효소에 의해 살해된 것이다.

크로커스, 내 마음을 받아 주세요

엄만

내가 왜 좋아?

─그냥….

넌 왜

엄마가 좋아?

-그냥….

　●　　　　문삼석의 「그냥」이라는 시다. 6줄의 짧은 이 시에 아이
에 대한 엄마의 사랑, 엄마에 대한 아이 사랑이, 산문이라면 수십 장으
로도 담아낼 수 없는 짙은 정서가 잘 녹아 있다. 식물에서도 자세히 들
여다보면 자식에 대한 엄마 사랑은 인간 못지않다.

　가능하면 근친혼을 피하려는 식물을 보면 법으로 막고 있는 국가의
의지를 연상하게 한다. 아버지와 어머니가 근친이라면 열성유전자가 합
쳐져 자손에게 몹쓸 병이 유전되기 쉽다. 역사시간에 배운 것처럼 '왕가
王家의 병'이라고 불리는 혈우병은 근친혼에서 오는 대표적인 병이다. 혈
통을 유지한다는 취지에서 근친혼을 반복했던 영국의 빅토리아 왕가는
이 병의 유전자를 가지고 있었고 스페인, 러시아, 프러시아의 왕가가 영
국의 왕가와 대를 이어 혼인을 함으로써, 그 나라의 왕자들도 영국의 왕
자들처럼 혈우병을 앓았다.

　식물도 가능하면 근친혼을 피한다. 같은 그루, 또는 같은 꽃에서 서로
꽃가루받이를 하는 근친혼의 결과는 인간 세상에서 보는 것과 다를 바
가 없다. 아비와 어미에게서 같이 온 열성유전자를 가진 자식이 태어나
냉엄한 자연조건에서 살아남기가 어렵게 되기 때문이다. 이것을 피하기
위해 식물은 아예 암나무와 수나무를 따로 만들거나, 한 그루에서도 암
수 꽃이 따로 피거나, 한 꽃에서 암술과 수술이 시차를 두고 성숙한다.
또 한 꽃에 있어도 가능하면 서로 멀리 떨어져 핀다.

크로커스는 꽃잎이 열리기 전에 암술이 자라서
꽃 밖으로 올라와 먼저 딴꽃가루받이를 하도록 하고 나서야
꽃이 열리고 수술이 나타난다.

후손의 퇴화를 막기 위해 암수딴나무로 태어나는 대표적인 식물이 은행나무다. 은행나무는 철저한 타가수정에 의해, 고생대 페름기부터 지금까지 변하지 않고 그 때의 모양, 그대로 지구상에 존재해 왔다.

옥수수에서 할아버지 수염처럼 길게 늘어진 실 가닥은 암술이다. 수염은 옥수수 한 개에 700 내지는 1,000 가닥까지도 달린다. 수염의 가닥수와 꼭 같은 수의 알갱이가 껍질 속에 숨어 있어 수정만 된다면 한 개 한 개가 모두 알갱이로 익는다. 수꽃은 줄기 끝에서 피어 꽃가루를 우수수 아래로 떨어뜨린다. 수염은 수꽃이 피기 전에는 먼저 나오지 않는다. 수꽃이 피고 진 이후에야 비로소 수염이 밖으로 나온다. 수염이 나올 때는 수꽃은 거의 다 지고 만다. 근친교배를 피하기 위한 작전이다. 암꽃이 제때에 수정이 되지 않으면, 꽃가루를 애타게 기다리며 수염_{암술}이 점점 길어진다. 수정이 늦어지는 만큼 양분은 수염에 뺏겨 알갱이는 빈약하다. 해바라기, 이질풀, 도라지도 옥수수처럼 수술이 없어져 버려야 암술이 익어서 열린다. 이와 반대로 요즘 흔히 볼 수 있는 크로커스는 아직 피지 않은 꽃봉오리 상태에서 암술이 먼저 봉오리를 비집고 밖으로 올라온다. 딴꽃가루받이를 하고 나면 그제야 꽃이 열리고 수술이 나타나 다른 꽃에 꽃가루를 준다. 크로커스처럼 좋은 자식들을 얻으려고 피우는 꽃들의 '바람기'는 오히려 아름답다.

오리나무 꽃가루의 사랑 찾기

꽃은 아름답다. 예뻐서 아름다운 것만은 아니다. 보잘 것 없는 작은 풀꽃도 자세히 들여다보면 아름답다. 섬세하기 그지없다. 좁쌀보다 더 작은 꽃도 암술이 있고 꽃가루가 붙어 있는 수술이 있다. 꽃잎도 몇 장, 몇 십 장이나 달려 있다.

아름다우면서 좋은 향기와 꿀까지 지니고 있다. 인간에게 즐거움을 주기 위해서인 것 같지만 아니다. 이 모든 아름다움은 벌과 나비를 모시기 위한 전략일 뿐……. 꽃가루는 장가를 잘 가려고, 암술은 좋은 신랑을 맞이하려고 한껏 자신을 치장한다.

어떤 꽃은 예쁘지도 않고 향기도 없고 꿀도 없어서 언제 피었는지도 모른다. 소나무나 은행나무, 참나무 같은 풍매화가 그렇다. 신랑도 신부도 도대체 외모에 신경 쓸 필요가 없다. 바람이 신랑을 데려다 주기 때문이다. 신랑이 신경 쓰는 단 한 가지는 체중이다. 소나무의 꽃가루인 송화는 전자현미경으로 봐야 자세히 볼 수 있을 만큼 지극히 작다. 소나무 꽃가루는 작음에 그치지 않고 더욱 진화하여 꽃가루 양쪽에 공기주머니가 붙어 있어서 더욱 멀리까지 날 수 있고 물에도 뜬다. 그 때문에 소나무 꽃이 피는 5월은 길이나 물웅덩이마다 온통 노란 송홧가루로 덮여 있다.

이와는 대조적으로 곤충이 중신아비인 꽃가루를 전자현미경으로 보면 표면이 풍선처럼 매끈한 것은 하나도 없다. 사과나 딸기의 꽃가루 표면에는 마치 찍찍이처럼 갈고리까지 달려 있어 우선적으로 곤충의 몸에 쉽게 달라붙고 이어 암술머리에도 잘 붙게 되어 있다. 모양에서부터 이

베란다 식물학

오리나무 수꽃 한 가닥에
꽃가루 알갱이는
무려 4백만 개나 담겨 있다.

미 꽃가루의 의지가 뚜렷하다.

　게다가 남자를 양(+)으로, 여자를 음(−)으로 보는 인간과 같이, 꽃가루는 양전하(+)를 띠고 암술머리는 음전하(−)를 띠고 있어 전기적인 힘에 의해서도 암술에 잘 들러붙게 되어 있다.

　바람이 중매를 하는 풍매화의 꽃가루 수는 엄청나다. 오리나무의 국수발 같은 수꽃 한 가닥에 꽃가루 알갱이가 무려 4백만 개나 담겨 있다. 다 큰 오리나무 한 그루에 수꽃이 수만 가닥이나 피니 꽃가루는 가히 천문학적이다. 꽃가루는 상승기류를 타고 5,000m의 상공으로 올라가서 5,000km까지 날아가 대륙 저쪽의 다른 오리나무의 암꽃에 내려앉기도 한다. 그래서 식물분류학자들도 당황할 정도로 오리나무의 잡종은 다양하다.

　참나무가 꽃피는 4월 하순과 소나무가 꽃피는 5월 초순경, 노란색 꽃가루가 물안개처럼 자욱하게 숲을 덮는다. 바람결에 실려 어디론가 멀리 날아가는 꽃가루의 사랑여행이 시작되는 것이다.

개불알풀이 제안하는 최후의 방법

●　　　　제일 먼저 '봄을 여는 꽃'은 무엇일까? 진달래? 개나리? 아니면 매화나 버들강아지일까? 버들강아지나 생강나무, 그리고 매화나 산수유도 '봄을 맞이하는 꽃'이긴 하지만 '봄을 여는 꽃'은 아니다.

　'봄맞이'라는 이름의 들풀이 있다. 이름으로 보아서는 봄에 가장 먼저 피어 봄을 맞는 꽃일 것 같지만, 앵초과의 작고 하얀 이 풀꽃은 생강나무며 산수유가 피고 뒤따라 개나리와 진달래가 피는 4월이 되어서야 핀다. 묵은 밭 가득히 하얀 꽃을 피우는 모습도 아름답지만, 잔디밭이나 잡초 속에서 한두 포기가 잎과 줄기는 땅바닥에 깔고 꽃대를 힘차게 내밀어 청초하게 피는 모습도 봄다운 풍경이다. 느림보 꽃인데도 명명자가 무슨 마음에서 봄맞이라는 이름을 주었는지, 봄을 여는 꽃들이 이런 사실을 안다면 정말로 서운해 할 일이다.

정말 아주아주 이른 봄에 피는 꽃이 있다. 봄을 상징하는 매화며 개나리, 진달래보다 달포나 앞서 봄을 여는 꽃이다. 지방에 따라서는 개불꽃이라고도 하는 생뚱맞은 이름의 '개불알풀'이다. 좁쌀보다도 작은 열매의 모양이 마치 개의 그것 같다고 해서 붙여진 이름이다.

개불알풀은 우리나라 어디든 흔히 볼 수 있는 풀이지만 토종이 아니라 유럽이 고향인 잡초다. 양지에 자리 잡은 놈은 2월 하순에도 꽃을 피운다. 좁쌀보다 조금 큰 작은 꽃은 벌이 외출을 시작하는 따스한 한낮에야 활짝 핀다. 꽃을 자세히 들여다보면 가운데에 약간 굵은 암술대 하나가, 양편으로 가는 수술이 각각 1개씩 돋아 마치 손오공의 삼지창 모양을 하고 있다. 벌이 꽃에 앉는 순간 우선적으로 암술이 배에 닿도록 되어 있다. 벌은 다른 꽃으로부터 날아왔으니 다른 꽃의 꽃가루가 암술 머리에 순간적으로 수정된다. 벌이 꿀을 빨려고 우왕좌왕하는 동안 꽃가루가 온몸에 붙는다. 따스한 봄볕에 앉아서 꽃을 들여다보고 있으려면 날아와 앉는 꿀벌의 뒷다리에는 벌써 하얀 꽃가루가 좁쌀만큼 매달려 있다. 다른 꽃들은 아직 피지 않은 이른 봄이라 이 작은 꽃은 벌의 사랑을 독차지할 수 있다.

날씨가 추운 날이면 벌이 오지 않아 딴꽃가루받이를 못하는 경우도 있다. 그러면 꽃이 닫히면서 양쪽으로 벌려 있는 수술을 꽃잎이 압박해서 암술머리에 닿도록 한다. 제꽃가루받이라도 해서 씨를 많이 맺도록 하는 번식전략을 쓰고 있는 것이다. 그 때문에 개불알풀은 한 번 자리 잡은 곳에서 방석만큼, 아니 이보다 더 넓은 자리를 차지하곤 한다.

이렇게 자연에서 멀리 있는 임 우선, 곁에 있는 임은 나중에 전략을 쓰고 있는 식물은 분꽃, 채송화, 진달래 등 대부분의 식물이다. 그러나 기다려도 기다려도 임이 오지 않을 경우 비상수단을 쓰는 식물도 있다. 브라질이 고향인 채송화는 암술대에 다섯 개에서 아홉 개의 암술머리가 나와 있고 수십 개의 수술이 주변에 돋아있다. 아침나절부터 피기 시작해서 정오에 만개한다. 그때까지 꽃가루받이가 안 되면 바람이 없어도 꽃술들이 스스로 움직인다. 꽃잎이 닫히면서 암술과 수술이 서로 비비면서 사랑을 나눈다. 물론 이런 극한 상황이 일어나는 경우는 드물다. 대체로 꿀벌들은 채송화 꽃을 좋아하고 채송화는 벌통이 있는 마을에서 피는 꽃이기 때문이다. 암술이 바람을 피우는 데는 깊은 뜻이 있다. 다른 꽃이 지니고 있는 다양한 유전자를 확보해서 새끼들에게 물려줌으로써 변덕스럽고 험한 자연환경에서도 새끼들이 잘 살도록 해주려는 어미의 속 깊은 사랑에서 나온 행동이다.

암술이 수술보다 튀어나와 있어 다른 꽃의 꽃가루를
묻혀 오는 벌의 배에 우선 닿도록 되어 있는 큰개불알풀의 꽃(위). 앙증맞은
봄맞이꽃(아래), 그러나 이름과 달리 이른 봄이 아닌 4월에나 핀다.

곤충을 유혹하는
별별 작전 >>>

벌을 안내하는 친절한 디기탈리스

시인들은 곧잘 꽃과 나비, 꽃과 벌을 연인 사이로 노래하길 좋아한다. 꽃을 소녀로, 나비나 벌을 소년으로 비유한다. 소녀를 따라다니는 소년의 간절한 행동이나 정신없이 날아다니며 꽃을 찾는 나비와 벌의 모습은 공통점이 있어 보인다. 또한 꽃의 모습은 수줍은 얼굴로 다소곳이 소년을 기다리는 아리따운 소녀를 연상케 한다. 나비가 날개를 접고 꽃에 앉는 모습을 보고 있노라면 긴 이별 끝에 만나는 연인처럼 극적인 느낌을 준다.

어떤 선비가 꽃이 만발한 꽃밭 가운데 정자에서 낮잠을 자고 있었다. 그때 황홀하게 핀 모란 꽃 한 송이에서 아리따운 소녀가 나오고, 때마침 떨어져 핀 다른 꽃에서 귀여운 동자가 나와 서로 부둥켜안고 사랑을 속삭였다. 선비는 깨어나서 그 곳으로 찾아가 보니 꿈속에서 보았던 바로 그 꽃이 정말로 피어 있었다. 그는 짓궂은 마음에서 꽃송이를 꺾었다.

그는 그날 밤 다시 꿈속에서 그 꽃들을 보았다. 소녀와 동자는 꽃에서 나와서 서로 바라보며 하염없이 울고 있었다.

이렇게 낭만적으로 보이는 모습의 이면에 실은 꽃과 나비, 그리고 꽃과 벌들의 강력한 생식본능 의지가 숨어 있다. 꽃은 벌과 나비를 불러들여 자신의 꽃가루를 다른 꽃으로 보내는 동시에 다른 꽃의 꽃가루를 자신의 암술머리에 수정시키려고 안달한다. 벌과 나비는 꽃이 원하는 목적을 이뤄주면서 그 대가로 꽃이 주는 꿀과 꽃가루를 얻어간다. 이들이 얻어가는 꿀과 꽃가루는 알을 낳는 여왕벌과 애벌레를 먹여 살리는 양식이 된다. 이 모든 과정이 자손을 퍼뜨리기 위한 윈윈win-win 전략이다.

꽃은 더 많은 벌과 나비를 불러들일수록 더욱 다양한 유전자를 확보할 수 있어서 좋다. 꽃은 아름다운 모습, 진하고 야릇한 향기, 달콤한 꿀, 영양가 높은 꽃가루를 준비한다. 이런 세레나데가 다양할수록 자신을 닮은 자손이 더 많이 퍼질 수 있기 때문이다. 이것도 모자라 심지어 어떤 꽃은 꽃잎에 꿀샘안내도nectar guide, honey guide를 그려 놓고, 벌이나 나비가 꽃이 어디에 있으며, 꿀샘으로 가는 길이 어디에 있는지 금방 알아챌 수 있도록 안내한다.

그런 꽃 중의 하나가 디기탈리스digitalis다. 심장 수축을 강화하는 강심제로 쓰이지만 독성분이 워낙 강해서 '피 묻은 손가락'이라는 별명을 가진 이 화초는 그 모양이 아름다워 요즘은 우리나라 화단에서도 흔히 볼 수 있다. 통꽃의 아랫부분에는 다양한 색으로 얼룩점이 찍혀 있다. 이 얼룩점들은 밖에서 꿀샘이 있는 안쪽으로 가면서 점점 작아지는 안내도를 이루고 있다. 어떤 사람이 일부러 흰 종이를 오려서 얼룩점을 가려놓았더니, 옆의 정상 꽃은 벌이 40번 방문하는 동안 가려진 꽃에는 5번밖

디기탈리스 꽃잎의 얼룩점은
벌을 끌어들이는 '꿀샘안내도'이다.

에 오지 않았다고 한다. 꿀샘안내도가 벌을 부르는 데 얼마나 큰 역할을 하고 있는지 짐작이 간다.

우리 주변에서 만나는 사람들 중에 어떤 이는 꿀샘안내도로 우리가 원하는 것을 갖게 한다든지 이루게 한다든지 하는 멋쟁이들이 있다. 반대로 어떤 이는 아예 있을 법한 꿀샘안내도조차도 가려서 애를 먹이기도 한다. 물론 고명한 도사들은 그렇게 해서 제자를 높은 득도의 경지로 인도하지만, 그래도 인생길에서 만난 사람 중 기억 속에 오래 남는 이는 역시 꿀샘안내도를 친절하게 내밀어 보였던 사람들이다.

가짜 꽃으로 벌을 부르는 산수국

사람만 이성에게 예쁘게 보이려고 갖은 노력을 다 하는 것은 아니다. 생명이 있는 것은 꽃이든 미물이든 더 예뻐 보이려고 애쓴다. 왜일까? 모르긴 해도 좋은 짝을 만나기 위해서일 것 같다. 3월 광양시 다압면의 매화 밭, 4월 섬진강가의 벚꽃 길, 5월 에버랜드의 튤립과 장미꽃 정원은 모두 꽃들이 아름다움을 다투며 뽐내는 현장이다. 화려한 색깔과 갖가지 냄새 등 기기묘묘한 작전을 있는 대로 다 내세운다. 심지어는 엉터리 꽃잎을 만들어 꽃이 크게 보이게끔 하는 나무도 적잖다. 왜 그럴까?

지금은 육지에서도 흔히 볼 수 있지만, 제주도의 돌담에 자생하는 보랏빛 산수국이 그런 꽃나무다. 5월 초순, 손톱 크기의 꽃잎이 서너 장씩 붙은 꽃이 피고(원래 꽃받침이 변한 것인데 꽃잎처럼 보인다) 그 안쪽으로 수십 개의 좁쌀 같은 망울들이 돋아 나와 있다. 그것을 자세히 들여다보면 아주 작은 꽃들의 덩어리이다. 꽃잎은 5장, 암술과 수술은 마치 곤충의 더듬이처럼 돋아나 참 앙증맞다.

그렇게 작은 꽃들로만 피어 있다면 벌과 나비가 멀리서 보기가 어렵다. 그래서 만든 것이 '헛꽃잎'이다. 가짜 꽃잎이 진짜 꽃의 주변에 듬성 듬성 피어 있음으로써 그 전체가 한 송이의 커다란 꽃처럼 보이게 한다. 벌과 나비가 큰 꽃으로 착각해서 이끌려오면 자연히 작은 꽃들을 발견하게 될 터이고 자연스럽게 앉아서 꿀을 먹으면 수정이 이뤄진다.

청양의 칠갑산 계곡이나 안성 칠장산 계곡의 서늘한 물가에 덩굴이 빽빽하게 자라는 6~7월의 개다래나무를 보면 멀리서도 하얗거나 분홍 빛의 꽃이 퍽 아름답다. 지나는 건들바람에 춤추는 꽃잎들은 더욱 아름답다. 그런데 다가가 보면 꽃이 아니고 잎이다. 개다래나무를 보고 나면 그나마 산수국은 나은 편이라는 생각이 든다. 개다래나무는 꽃은커녕 헛꽃도 아닌 잎이 꽃처럼 예쁜 빛깔로 위장하고 벌을 부른다.

개다래나무의 덩굴줄기에는 2~3개의 작고 하얀 진짜 꽃이 잎 뒤에 매달려 있다. 꽃이 필 때면 잎이 하얀빛이나 분홍빛으로 변해 마치 꽃잎처럼 보인다. 이것에 속아 가까이 날아온 벌은 향기(청순한 향기가 정말 매력적이다)에 이끌려 와서 잎 뒤에 숨어 있는 작은 꽃을 발견한다. 수정이 끝나면 잎은 다시 제 색깔인 녹색으로 서서히 변한다.

산수국 말고도 불두화와 수국, 산딸나무, 그리고 성탄절을 알리는 포인세티아 등도 가짜 꽃잎을 만들어 인간에게까지 사랑을 받는 꽃나무들이다. 요즘은 인간이 육종이라는 기술로 오히려 이런 가짜 꽃잎을 더욱 부풀려 큰 돈벌이를 하고 있다.

큰 꽃잎은 벌을 유혹하기 위한 가짜 꽃이고,
좁쌀 같이 작은 꽃잎과 수술이
산수국의 진짜 꽃이다.

설악초의 교묘한 속임수

● '설악초雪岳草'라고 하면 우리나라 설악산에서 자라는 특산식물로 오해하기 쉽지만, 실은 미국 중부가 원산지며 멕시코, 인도, 아프리카 등 세계 곳곳에 퍼져 있어 어디든 잡초로 취급받고 있는 식물이다. 사진을 보여 주면 대부분의 사람들은 놀라워한다.

"아! 그 꽃나무야? 그렇게 멋있는 꽃나무가 잡초라고?"

잡초라고 하기에는 아름다워 시골이나 도시의 공터에서 제법 대접받고 산다. 우리나라에서 잡초가 못되는 이유는 한 가지, 겨울 추위에 다 얼어 죽고 이듬해에 씨에서 다시 나오기 때문이다.

원래의 이름 'Snow on the mountain산 위의 눈'을 우리말로 의역하다 보니 설악초가 되었지만, 우리나라 설악산과는 전혀 관계가 없다. 처음 씨에서 싹이 터서 자랄 때는 여느 꽃나무처럼 녹색을 띤다. 그러나 자라서 꽃이 필 때쯤 되면 흰색 잎이 나와서 하얀 눈이 내린 듯한 모습이다.

한 번 심기만 하면 씨가 떨어져 그 자리뿐만 아니라 인근으로 잘 퍼져 나간다. 그래도 근처를 모두 점령하지 못하는 것은 겨울 추위 덕분이다. 그래서 다행히 우리나라에서는 문제가 되는 잡초는 될 수 없다.

설악초에게는 무서울 것이 없다. 꽃나무를 아무리 이리저리 살펴봐도 벌레에 먹히거나 병에 걸린 흔적이 없다. 잎을 찢으면 새하얗고 끈적끈적한 즙액이 뚝뚝 떨어진다. 독성이 강한 즙액으로 자신을 지키기 때문이다. 이 액이 연한 살갗과 눈에 닿으면 부풀어 오르고 아프다. 발암물질로 분류하고 있을 정도로 독해서 감히 병해충도 덤비지 못한다. 그래서 천연 농약으로 개발하면 좋지 않을까 싶다.

잎을 하얀 꽃잎처럼 위장해서 벌과 나비를
부르는 설악초. 진짜 꽃은 콩알보다 작고
4장의 꽃잎이 앙증맞게 달려 있다.

꽃을 들여다보면 커다란 꽃잎 말고 작은 꽃이 있고 그 주변에 4장의 아주 작은 진짜 꽃잎이 있다. 흰색의 크고 아름다운 꽃잎은 사실은 꽃이 아니라 잎이다. 잎이 나비와 벌을 부르기 위해, 마치 꽃잎처럼 위장하고 있어 꽃나무 전체가 한 송이 큰 꽃처럼 보이게 한다. 그 때문에 주변의 네발나비와 벌이 몰려와 야단법석을 떤다. 어쩌다 그늘에 가려 꽃잎처럼 변신하지 못한 그루(햇빛이 있어야 변신이 가능하다)도 있는데 콩알보다 작은 꽃만 하얗게 핀다. 물론 이런 그루에는 헛꽃잎이 만들어지지 못해 벌이나 나비가 거의 보이지 않는다.

크리스마스 시즌에 유독 붉은 빛을 뽐내는(요즘은 크림색 등 다양한 색의 아름다운 품종도 탄생되었다) 크리스마스 꽃, 포인세티아는 설악초의 사촌이다. 포인세티아는 낮의 길이가 짧아지면 꽃이 피는데, 꽃이 피기 전에 잎이 먼저 마치 꽃잎처럼 붉게 물들어 크리스마스를 한껏 빛내 주어서 귀한 대접을 받는다. 이렇게 설악초나 포인세티아처럼 대극과 Euphorbiaceae의 대부분의 식물들은 곤충을 속이는 아름다운 위장술로 인간을 홀림으로써 인간들까지 자신들의 번식전략에 끌어들였다.

쥐방울덩굴로 들어간 벌의 행방은?

돈, 사랑, 출세는 인간들의 최대관심사다. 식물들의 관심사는 무엇일까? 그 어느 누구도 식물로부터 말을 들은 적이 없으니 정답을 아는 사람은 없다. 추측하건데 식물의 가장 큰 관심사는 '잘 사는 것'과 '자손을 남기는 것'이 아닐까? 나의 집요한 관찰에 의하면 이 둘 중에 식물이 하는 '짓'으로 보아서 아마도 대대손손 자손을 남기는 일을 더 중요하게 여기는 것 같다.

어떤 식물이나 한살이의 끝을 보면, 씨를 맺고 죽는다. 쇠약해서 죽어가는 소나무를 보면 여느 해보다 훨씬 많은 솔방울을 맺고 죽는다. 그래서는 안 되겠지만, 난 꽃을 보고 싶다면 무자비하다 싶을 정도로 물을 주지 않고 매정하게 말려야 한다.

"이키, 말라 죽게 되었네. 어서 자식을 만들어야지" 하며 꽃눈을 만든다.

몇 년 전, 아파트 정원에서 꽃사과를 감고 올라 나무갓樹冠을 온통 덮고 자라는 나팔꽃을 뽑아준 적이 있다. 시든 다음에 뜯어내야 나무가 덜 다칠 것 같아 잎과 줄기는 놓아둔 채 뿌리만 뽑아 놓고 며칠을 말렸다. 여느 풀은 뽑으면 전체가 한꺼번에 마르는데, 나팔꽃은 뿌리 쪽과 어린 순, 양쪽부터 서서히 시들어갔다. 그러면서 줄기 중간 지점에 매달려 있는 덜 익은 씨 꼬투리에게 양분을 몰아주어 결국은 씨를 검은 색으로 영글게 하고는 죽었다. 이 같은 식물의 자식 사랑은 마치 식물인간 상태인 엄마가 태아에게 온전한 산소와 양분을 넘겨주어 살리는 모습 같아 숭고하다.

열매의 모습이 쥐방울처럼 앙증맞다고 해서 '쥐방울덩굴'이란 이름이 붙여진 이 식물은 나팔처럼 생긴 꽃도 멋지지만 내부를 들여다보면 더 멋지다. 나팔의 긴 관 안쪽 끝에 꿀샘이 있고 거기에 암술과 수술이 있다. 벌은 꿀 냄새에 이끌려 나팔관을 따라 들어간다. 나팔관 벽에는 짐승의 몸처럼 털이 빽빽하게 나 있는데, 흥미로운 것은 털이 모두 안쪽으로 향해 있어서 들어갈 때는 아무런 문제가 없지만, 꿀을 먹고 나오려면 빳빳한 털들이 저항해서 나올 수가 없다. 갇혔다고 판단한 벌은 빠져나

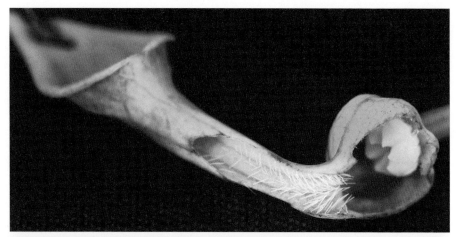

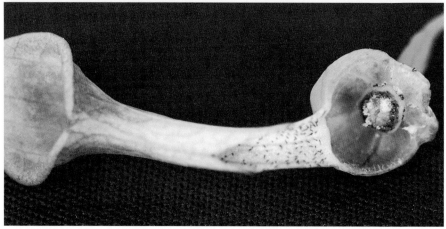

수정이 되기 전에 나팔관 벽의 털은 뻣뻣하지만(위)
수정이 끝나면 부드러워져(아래) 벌이 쉽게
밖으로 나갈 수 있게 한다.

가려고 몸부림을 친다. 그러는 사이에 몸에 붙어 있던 다른 꽃의 꽃가루가 암술머리에 붙는다. 그러고 나서는 자신의 꽃가루를 벌 몸에 목욕시킨다. 시간이 흘러 씨방에 다른 꽃의 꽃가루로 수정이 끝나면 털은 부드러워지고 벌이 밖으로 빠져나갈 수 있게 된다.

나는 쥐방울덩굴 꽃의 털을 찍으려고 꽃이 달린 덩굴을 집으로 가져와서 몇 십 송이 꽃의 배를 갈랐는데, 꽃 속에서 아주 작은 벌 몇 마리가 순식간에 날아서 도망쳤다. 그 놈들은 나 때문에 빨리 해방되긴 했지만 가엽게도 꿀을 더 이상 맛볼 수는 없게 되었다. 우리 집 베란다에 어찌 다른 쥐방울덩굴 꽃이 있겠는가. 지금 생각해 보아도 참 미안하다.

쥐방울덩굴 꽃을 보고 있노라면 어떤 이의 강짜 사랑이 떠오른다. 사랑에 집착해 앙탈을 부려 정작 사랑을 얻고 나서는 못 이기는 척 보내주는, 아니 어쩌면 떠나가도록 하는 사람을 보는 것 같다. 이렇게 식물도 억지를 부려서 뜻을 이루고는 결국, 상대가 가도록 길을 열어 준다. 이렇게 놓아주는 것은 그래도 반쯤은 인간적이다. 때론 아예 노예로 만들어 버리는, 쥐방울덩굴만도 못한 인간도 있다.

재미있는 것은 쥐방울덩굴에 목을 매는 곤충이 있다는 점이다. 꼬리명주나방이 그것인데, 이 나방은 반드시 쥐방울덩굴 잎에만 알을 낳는다. 꼬리명주나방의 애벌레의 먹이가 오직 쥐방울덩굴 잎이기 때문이다. 문제는 쥐방울덩굴이 흔하지 않다는 점이다. 그 때문에 날개에 긴 꼬리를 가지고 있어서 아름다운 꼬리명주나방을 보기가 쉽지 않다. 농촌진흥청에서는 지금은 희귀한 종이 된 이 나비를 인공으로 기르는 기술을 확립해서 민간에 이전했다.

고약한 냄새로 유혹하는 꽃

● 　　　　　고양시 세계꽃박람회장에서 있었던 일이다. 한 전시관에 막 들어서자마자 이상한 냄새가 코를 자극했다. 냄새의 진원지는 큰 나무화분에 심겨져 전시되어 있는 어른 키만 한 식물의 하얀 꽃송이였다. 옆에서 함께 이 식물을 보고 있던 30대 후반의 한 부인이 친구에게 나직하게 하는 말이 내 귀에도 들렸다.

"이건 아저씨 냄새잖아!"

우리 속담에 '밤나무골 과부 몸부림치듯 한다'는 말이 있다. 참을 수 없는 욕망으로 강하게 행동하는 사람을 빗대어 하는 말이다. 6월 중순, 밤으로 유명한 공주 정안을 지나는 23번 도로를 달리면 차창을 열지 않아도 진한 '아저씨 냄새'가 차 안으로 밀려들어온다. 눈에 닿는 야산은 온통 누리끼리한 밤꽃으로 뒤덮여 있다.

정말로 그 하얀 꽃은 밤꽃을 연상케 하는 남성의 냄새를 풍기고 있었다. 흔히 우리 주변 산이면 어디서나 볼 수 있는 팥배나무였다. 매자나무와 분단나무 꽃도 아저씨 냄새를 풍긴다. 배꽃도 이 냄새가 난다.

반대로, '아줌마 냄새', 아줌마들이 들으면 기분 나빠할지도 모르지만 (많은 사람들이 그렇게 표현한다) 언뜻 맛이 약간 간 생선이나 황석어젓 냄새를 풍기는 산사나무와 마가목도 있다. 사스레피나무는 닭똥냄새를, 족도리풀은 버섯 썩는 냄새를 내어 땅 위를 기는 곤충을 유혹한다. 이런 냄새는 모두 꽃가루를 옮겨 주는 벌레를 초청하려는 식물의 '러브콜'이다.

사막이 고향인 스타펠리아Stapelia라는 선인장이 있다. 생김새가 소뿔

아저씨 냄새를 풍기는 팥배나무(위)와
아줌마 냄새가 나는 마가목(아래).
이런 냄새가 나는 꽃은 대체로 흰색이다.

같다고 해서 우리말로는 '우각牛角'이라고 하는 이 식물은 선인장 가게에서 흔히 볼 수 있다. 손가락 같은 줄기가 10cm 내외로 무더기로 올라올 뿐 잎은 없다. 꽃은 줄기의 밑동에서 1~3개가 올라와 7~10월에 핀다. 꽃잎에는 가로로 자주색 물결무늬가 있다. 꽃심으로 갈수록 어두운 자주색을 띠는데, 거기서 시체 썩는 악취가 풍긴다. 그 많은 냄새 중에 하필 왜 그런 악취를 택한 것일까?

우각의 고향은 사막이다. 벌보다 파리가 흔한 사막에서 대를 이어가기 위해 진화한 결과다. 시체는 파리에게 더할 수 없이 좋은 먹이인 동시에 구더기를 낳을 수 있는 장소다. 사막의 스타펠리아는 지름이 20cm나 되는 큰 꽃을 피우고 동물의 시체 썩는 냄새를 풍긴다. 거기에서 그치는 것이 아니라 꽃잎 안쪽에는 마치 짐승의 피부처럼 흰 솜털까지 촘촘히 나 있다. 파리가 썩은 고기로 착각하는 것은 당연하다. 옳거니 하고 꽃에 알을 한 무더기 슬어 봤자 꽃가루는 구더기의 먹이가 아니라 곧 굶어죽고 만다. 파리는 산란이 끝났어도 꽃가루와 즙액을 먹으려고, 그리고 산란을 하려고 이 꽃 저 꽃을 옮겨 다닌다. 그러는 사이에 꽃가루받이는 이뤄진다.

눈도 녹여버리는 앉은부채

●　　　　　은행을 가는 일은 즐거웠다. 돈을 맡기거나 찾는 일도 즐겁지만 은행 앞 화단에서 사시사철 꽃을 볼 수 있기 때문이다. 2월, 아직도 눈발이 휘날리며 쌓인 화단에서 크로커스crocus는 노란색, 보라색 꽃을 피웠다. 덮인 눈을 뚫고 피어나는 청순하기 그지없는 꽃무리는

베란다 식물학

얼마나 경이로웠던가. 5월 신록을 배경으로 피어나는 노랑 덩굴장미의 향기는 또 얼마나 매혹적이었던가. 네덜란드 농업연구의 수도인 와게닝겐Wageningen에서 공부하던 1970년대의 추억은 사랑에 눈뜨기 전에 떠나보낸 소녀의 기억처럼 언제나 아쉽기만 하다. 그때는 학점 따기에 정신이 없어 기적 같은 자연의 향연을 만끽하지 못했다.

그때까지만 해도 이른 봄 쌓인 눈 속을 뚫고 피는 꽃은 처음 보았다. 요즘은 우리나라에서도 흔히 볼 수 있지만 네덜란드에 가면 크로커스 꽃이 길가며 정원의 눈 속에서 지천으로 피어 봄을 재촉했다. 우리나라에서는 복수초와 얼레지, 모데미풀과 앉은부채 등이 쌓인 눈을 뚫고 꽃을 피운다. 눈 속에서 피는 꽃들은 신기하고 아름답다.

앉은부채는 낮은 산에서는 잎이 피고 나서 꽃이 피지만, 높은 산에서는 꽃봉오리가 눈을 녹이면서 잎에 앞서 올라온다. 자주색의 원통형 꽃은 쌀쌀한 바깥 기온보다도 높아 15~22도를 유지하면서 15cm 두께의 눈도 거뜬히 녹이고 올라온다.

얼어 죽기는커녕 어떻게 꽃까지 피울 수 있을까? 꽃은 열을 내서 눈을 녹인다. 열을 내는 연료는 그 전 해에 미리 뿌리에 저장해 놓은 지방이나 녹말이다. 앉은부채 등 대부분의 식물은 겨울동안 녹말을 저장한다. 앉은부채는 봄과 여름 내내 새로 뻗는 뿌리줄기根莖(고사리처럼 뻗어나가면서 새 식물을 만드는 뿌리)에 녹말을 쟁여 놓는다. 겨울이 지나고 햇볕이 따스해지면 눈 밑 땅속 뿌리가 재빨리 봄을 알아채고 곧바로 녹말을 당으로 분해해서 꽃대로 보낸다. 당은 호흡을 통해 몸속에 들어온 산소와 만나서 마치 기름을 태우는 것처럼 연소하면서 열을 낸다. 앉은부채가 산소로 당을 태워서 열을 내는 속도는 벌새가 날개를 쳐서 공중에 머물면서 꿀을 빨아먹을 때만큼 빠르다. 열은 꽃대를 감싸고 있는 두꺼운 스펀지 조직에 갇혀 밖으로 빠져나가지 못한다.

녹말 대신 지방을 저장하는 식물도 있다. 열대 밀림에서 자라는 필로덴드론 셀로움Philodendron selloum(우리 주변에서 화초로 흔히 볼 수 있다)은 꽃봉오리에 지방을 저장한다. 열대지방이라 해도 꽃이 피는 밤은 춥기 때문이다. 기온이 4도이었을 때 필로덴드론 꽃의 온도는 38도, 기온이 39도이었을 때 꽃 온도는 46도로 높다. 실험에 의하면 꽃봉오리 무게 125g인 필로덴드론은 기온 10도에서 9W의 열을 내어 40도의 온도를 유지했다. 같은 무게의 쥐가 내는 2W의 열량에 비하면 무려 4.5배나 많고, 3kg의 고양이가 내는 열량과 같은 수준이다. 식물도 동물 못지않게 짧은 시간에 높은 열을 낼 수 있다는 사실이 알려진 것은 1972년 미국 플로리다에 있는 시 월드Sea World 직원이었던 대니얼 오델Daniel K. Odell(현 캘리포니아대학 교수)에 의해서였다. 이보다 2백여 년이나 앞선 1778년 용불용설을 주장한 프랑스의 라마르크Lamarck가 칼라Calla(천남성과의 화초)가 꽃을 피울 때 열을 낸다고 보고하기도 했다.

꽃은 왜 열을 내면서 일반 꽃보다 훨씬 이른 시기, 쌓인 눈을 녹이면서까지 문을 여는가? 말하자면 '일찍 일어난 새가 벌레를 잡는다Early bird catches the worm'는 속담 같이 꽃이 드문 이른 봄에 문을 연다는 것은 중매쟁이들을 독점적으로 불러들일 수 있다. 온도가 높아야 꽃이 빨리 피고, 따뜻하면 중매쟁이 곤충들을 더 많이 몰려온다. 또한 열을 내면 중매쟁이를 꾀는 향기나 냄새를 더욱 멀리까지 풍기게 할 수 있다. 이런 작전으로 복수초는 이른 봄 높은 산 양지쪽에 꽃을 피워 사방에서 벌과 곤충을 불러들인다.

식물에 따라서는 향기뿐만 아니라 생선 썩는 냄새나 인분 냄새도 풍긴다. 곤충들은 자신이 좋아하는 냄새에 이끌려 꽃으로 몰려들어 꽃가루를 수정시켜 준다.

눈을 녹이고 꽃을 피운 앉은부채. 주변 기온보다 20도나 높다.
낮은 곳에서 잎이 피고 난 다음 꽃이 핀다.

산수국

🪣 __ 매일(여름), 2~3일에 한 번(그 외 계절)

🌱 __ 이른 봄

🌷 __ 7~8월

산수국은 야생화로 산골짜기, 돌무더기 아래 등 습기가 많은 곳에서 자란다. 간혹 산수국의 자태에 반해 야생에서 산수국을 무단 채취하는 경우가 있는데 이것은 절대 금물. 양심에도 어긋나지만, 야생에서 자란 산수국은 야성이 강해 집에서는 거의 죽기 때문이다. 그렇다면 이 예쁜 꽃을 꼭 산에서만 봐야 하는 걸까? 산수국을 베란다에서 키울 수 있는 희망이 있으니 바로 꽃시장! 봄에 꽃시장에 가면 저렴한 가격에 산수국 씨앗이나 모종, 화분을 구할 수 있다. 산수국은 반그늘이나 양지에서 잘 자라며 번식방법으로는 씨앗파종 외에 봄에 새싹을 포기 나누거나 가을에 난 가지를 잘라 삽목하는 방법이 있다. 토양성질에 따라 꽃잎 색이 다르게 나오는 매력이 있는 산수국. 산수국은 알칼리성 흙에서는 보랏빛, 강산성에서는 분홍빛이 핀다. 분홍꽃을 보고 싶으면 약간의 황가루를, 보라꽃을 보고 싶으면 석회를 주어 취향에 따라 꽃 색깔을 바꾸는 것도 재미나지 않을까.

🌸 집에서 키우기 좋은 매력적인 야생화

창포 뿌리줄기에서 나는 향기가 일품으로 예로부터 미용에 많이 이용한 식물

찔레꽃 하얀 꽃이 탐스럽게 피는 장미과에 속한 덩굴식물로 기후변화에도 잘 견디는 야생화

사랑초(괭이밥) 꽃잎의 색은 흰색, 보라, 분홍 등 다양하며 꽃과 잎의 모양이 같은 야생화

튀어야 산다,
다양한 번식법 >>>

은행나무에게도 비밀은 있다

"식물도 동물처럼 정충精虫을 만들어 자손을 퍼트린다."고 말하면, "그럴 리가 있나요?"라며 당장 이의를 단다. 동물은 정충으로, 식물은 꽃가루로 수정을 한다는 것은 상식 중의 상식이니 말이다.

맞는 말이다. 식물의 99.99…%는 꽃가루를 만들어 수정을 한다. 꽃가루가 암술머리에 앉으면 긴 꽃가루관이 나와서 암술대 속에서 뻗어 씨방으로 내려간다. 이어서 정핵을 만들어 씨방에서 기다리고 있는 난핵으로 파고들어 간다. 이게 일반적인 꽃들의 수정방법이다.

그런데 정핵이 아닌 인간의 것처럼 꼬리가 달린 정충을 만드는 식물이 있다. 은행나무와 소철이 그런 식물이다. 이 두 식물의 공통점은 원시식물이며 암수딴그루라는 점이다. 이런 식물은 보통 식물처럼 꽃가루가 암술머리에 닿으면 꽃가루관을 뻗는 것까지는 같지만, 씨방에 닿기 바로 직전에 꽃가루관이 터지면서 꼬리가 여러 개 달린(사람의 정충은 꼬리가 하나다) 정충 두 마리가 나온다. 정충은 축축한 씨방에서 헤엄쳐 가서 난핵을 수정시킨다. 이런 신기한 사실은 1896년 동경대학의 히라세 작고로 교수가 이 대학의 정원 고이시카와에 서 있는 은행나무에서 처음 발견해 세상을 놀라게 했다. 보통 식물은 꽃가루가 암술머리에 닿고 나서 1시간, 길어도 며칠 안에 수정이 이뤄지지만, 은행은 정충이 난핵까지 가는 데 길게는 5개월이나 걸려 은행이 익어 땅에 떨어지고 나서야 수정되는 경우도 종종 있다.

요즘엔 밸런타인데이에 연인에게 달콤한 초콜릿을 주지만, 옛날의 남녀들은 경칩(양력 3월 5일경)에 은행알을 은밀히 주고받았다. '서로 바라

은행나무 수꽃. 은행의 꽃가루가 씨방에 들어가면
두 마리의 정충이 나와서 난핵으로 헤엄쳐 가 수정이 이뤄진다.

보기만 해도 열매를 맺는다'는 은행나무의 특성을 빌어 사랑을 고백했던 것이다.

지구상의 거의 모든 식물들은 변하는 환경에 살아남기 위해 끊임없이 진화했지만 오히려 대부분 사라지고 새로이 생겨난 종이 더 많다. 그런데도 소철은 2억 5천만 년 전에, 은행은 1억 5천만 년 전에 지구에 나타나서 옛 모습 그대로 지니고 살고 있으니 얼마나 신기한가. 변화에 재빨리 적응하는 것이 언제나 유리한 것은 아닌 모양이다.

3억 년을 버텨온 쇠뜨기의 비결

이른 봄, 들에는 쇠뜨기가 돋아 나온다. 몇 년 전만 해도 만병통치라는 오해를 사서 곤혹을 치렀던 식물이다. 미국에서는 말꼬리처럼 생겼다 해서 '말꼬리horse tail', 우리나라에서는 소가 잘 뜯어 먹는다 해서 '쇠뜨기'라고 부른다. 이 식물은 3억 년 이전 석탄기부터 있었는데, 화석으로 나타나는 것을 보면 나무만큼 크게 자란 것도 있었다.

나무 모양의 쇠뜨기는 석탄기 말기쯤 기후가 바뀌자 멸종되었고, 그것들이 석탄이 되어 인류의 사랑을 받고 있다. 그 중에서 풀 모양의 쇠뜨기는 그 때 그 모습으로 살아남아 오늘에 이르고 있다. 우리나라의 쇠뜨기는 많이 커 봐야 40cm 정도지만, 칠레의 물가에서 자라는 것은 사람 키를 훌쩍 넘는다.

쇠뜨기가 3억 년 이전부터 지금까지 살아남을 수 있는 비결은 두 가지로 볼 수 있다. 하나는 뿌리를 깊게 박고 살면서 뿌리 한 마디만 있어도 완전한 개체로 살아난다는 점이다. 쟁기로 갈아엎어 놓으면 잘려진 뿌리

쇠뜨기는 생식줄기 뱀밥(왼쪽)에서
홀씨가 만들어지고 나면, 그 포기에서
영양줄기(오른쪽)가 나와서 번식한다.

마다 새 쇠뜨기로 나와서 그 밭은 몇 년 안에 쇠뜨기 밭이 되고 만다.

서해안에 사는 어떤 사람이 호기심이 발동해서 쇠뜨기 뿌리를 파 보았다. 뿌리를 따라가면서 파 보았더니, 황해를 건너서 산둥성까지 이어졌더라고 한다. 물론 쇠뜨기의 뿌리가 얼마나 깊게 뻗는가를 허풍으로 설명하고 있지만 깊게 뻗은 것은 5m 깊이까지도 내려간다. 쇠뜨기가 얼마나 깊이 박혀서 어떤 역경에서도 살아남는지는 일본 히로시마에서 밝혀졌다. 원자폭탄으로 폐허가 된 그곳에서 가장 먼저 돋아난 식물이 바로 쇠뜨기였다. 그토록 깊이까지 뻗어 있었기 때문이다.

어떤 아버지 농부가 임종에 다다르자 아들에게 유언을 남겼다.

"아들아, 콩밭의 쇠뜨기 뿌리 끝에 보물을 숨겨 놓았으니 파내 쓰거라."

아들은 콩 수확이 끝나기가 무섭게 쇠뜨기의 뿌리가 끝나는 깊이까지 파보았지만 실망스럽게도 보물은 없었다. 하지만 이듬해 심은 콩은 전해보다 몇 배나 많이 열렸다. 그제야 아들은 땅을 깊이갈이深耕 해주면 풍작을 얻을 수 있다는 아버지의 깊은 메시지를 깨달았다.

쇠뜨기가 3억 년을 버티고 살 수 있었던 또 하나의 비결은, 유성생식과 무성생식을 둘 다 한다는 점이다. 땅속줄기가 뻗으면서 새로운 새끼 쇠뜨기영양줄기들을 땅 위로 밀어 올리면서 무성생식을 한다. 그리고 4월에 뱀 대가리처럼 생겨 '뱀밥'이라는 생식줄기를 만들어 땅 위로 밀어 올린다. 뱀밥을 건드리면 먼지가 풀풀 날린다. 이것이 정자와 난자가 만나서 유성생식으로 만들어진 무수히 많은 홀씨이다. 한 줄기 이삭에서 200만 개 이상의 홀씨가 만들어져 바람이 불면 연기처럼 날려 멀리멀리 날아가 자리를 잡는다. 이렇게 유성생식으로 만들어져 다양한 유전자를 지닌 홀씨로부터 탄생한 쇠뜨기는 어떤 역경에도 살 수 있다. 또 생육조건이 나쁘면 몇십 년이고 홀씨로 남아 있다 좋은 조건이 되면 싹이 튼다. 쇠뜨기는 이런 번식전략으로 무려 3억 년을 버티며 살아왔다. 우리로서는 쇠뜨기로부터 기능성의 효능을 취하기보다는 긴 세월을 버텨 온 적응전략을 본받는 것이 더 현명할 것 같다.

천손초, 우리 아빠는 어디 있나요?

몇 해 전, 한 친구가 연구실 창가에 작은 화분 하나를 놓고 갔다. 그는 알 듯 모를 듯한 말을 덧붙였다.

"이걸 보면 내가 어떤 사람인가를 알 거야."

어쩌다 생각나면 물을 준 것이 전부였는데, 한참을 지나자 주변에 있던 화분에 이 식물의 새끼들이 빼곡히 돋아나 있었다. 그제야 그가 던지고 간 말뜻을 알 수 있었다. 그 식물은 아프리카와 유럽을 드나들면서 가는 곳마다 사업을 일궈 자신의 영역을 확장해 놓았던 그의 모습 같았다. 화분 속 식물의 정체는 어쩌면 그가 아프리카를 돌아다닐 때 가져온 것인지도 모른다고 생각되었다. 내가 르완다에 갔을 때 지천으로 이 식물이 널려 있는 광경을 보았기 때문이다.

그 식물의 이름은 카랑코에Kalanchoe, 돌나물과에 속하는 열대 다육 식물이다. 우리나라 이름으로는 '손자가 천 명인 풀'이라는 뜻의 천손초 千孫草, 구미에서는 '수천 명의 어머니mothers of thousands' 또는 '샹들리에 식물chandelier plant'이라고 불린다. 새끼를 마구 퍼뜨린다고 해서, 또는 새끼들이 샹들리에처럼 매달려 있다는 의미다.

수정도 없이 잎 끝의 딸세포에서 만들어진 새끼들이
붙어 자라고 있는 카랑코에를 르완다에서 찍어왔다.
먼저 잎이 나오고 뿌리까지 나오면 새끼는
저절로 흙에 떨어져 독자적인 생활을 시작한다.

천손초는 잎의 끝을 따라서 분포하는 분열조직에서 딸세포daughter cell 를 만든다. 딸세포는 분열하면서 잎, 줄기, 뿌리, 꽃 등의 기관으로 각각 분화되어 어미와 꼭 같은 새끼를 만든다. 처녀가 아이를 낳고, '딸세포' 가 '엄마세포'가 되는 셈이다. 잎 끝에 빼곡하게 달린 새끼들은 뿌리까지 생겨 독립적으로 살 수 있을 정도가 되면 자동으로 분리되어 땅에 떨어 진다.

동물도 수컷의 수정 없이 새끼가 생기는 것은 드물지만 있기는 있다. 진딧물은 여름 동안은 교미도 없이 알이 아닌 새끼를 낳는 '처녀생식'을 한다. 그래서 진딧물은 무서운 해충이다. 오이 하우스에서 한두 마리가 보일 때 농약을 안 치면 삽시간에 퍼져 농사를 결단내고 만다. 누에의 경우에는 알에 전기충격을 주면 애벌레가 나오지만 끝까지 사는 놈은 거의 없다.

이렇게 천손초처럼 암술머리에 꽃가루가 수정되는 결혼 과정도 없이 곧바로 새끼들이 나오거나, 열대 바닷가에 숲을 이루는 맹그로브같이 열매가 익은 후에도 한동안 어미 나무에 붙어서 싹이 나고 뿌리가 자란 후에야 떨어지는 식물을 태생식물胎生植物 이라 한다(무성(아)번식 또는 영 양번식은 어미개체의 일부, 잎, 줄기, 뿌리 등을 잘라서 거기에서 새로 운 개체를 만드는 번식방법이다. 이에 비해 태생번식은 어미 몸에서 완 전한 개체로 만들어진 후에 독립하는 번식방법이다).

식물은 어미 몸에서 바로 새끼가 생겨 번식하는 종류가 많다. 잎겨드 랑이에서 주아가 생기는 참나리, 상사화의 알뿌리, 포복줄기에서 새 포 기가 생기는 딸기도 암수의 결합 없이 새끼를 만드는 식물들이다.

새로운 시작을 위한
첫걸음, 씨앗 >>>

버드나무, 알레르기 주범으로 몰리다

●   나이가 지긋한 세대들에게 버드나무는 낭만적이고 친근하기 그지없는 나무다. 이른 봄, 가장 먼저 가지에 물이 오르는 나무가 버드나무이다. 가지를 잘라 비틀면 쉽게 껍질이 벗겨지고 껍질은 좋은 호드기가 된다. 구멍을 내면 간단한 노래는 구성지게 연주할 수도 있다. 조선시대 기생 계월이 정든 임을 보내면서 쓴 「송인」이라는 낭만적인 시에 버드나무가 등장한다.

대동강 강가에서 정든 님 보내는데 / 천 가지 버들로도 잡아매지 못하네 / 눈물 머금은 눈으로 눈물 머금은 눈을 보고 / 애끊는 사람이 애끊는 사람을 보노라

떠나가는 임을 낭창거리는 버들가지로 친친 감아 놓고 싶지 않은 사람

이 어디 있으랴! 고려 태조 왕건과 유씨 부인과의 러브스토리에서도 버드나무가 등장한다. 물을 청하는 왕건에게 소녀는 물바가지에 버들잎을 한 줌 훑어 띄워서 준다. 급히 마시면 체하니 불면서 천천히 마시게 하려는 깊은 뜻에서였다. 버들잎이 사랑의 메신저가 되었다.

봄의 전령, 추억의 버드나무에게 검은 그림자가 드리워진 것은 가로수로 등장하고부터이다. 매스컴은 버드나무 꽃가루가 알레르기의 주범이라고 몰아붙였다. 버드나무들이 사람의 말귀를 알아듣는다면 억울하다며 서초동으로 몰려갔을 것 같다.

한마디로 말하자면 봄철 꽃가루 알레르기와 버드나무는 전혀 무관하다. 버드나무는 2월부터 4월에 걸쳐 꽃을 피운다. '버드나무 꽃가루'가 날린다고 매스컴이 호들갑 떠는 5월에는 소나무의 꽃가루인 송화와 참나무 꽃가루가 한창이다. 그러나 이들 꽃가루는 너무 작아서 맨눈으로는 볼 수 없다. 다만 바람이 불면 이것들의 숲에서만 안개처럼 피워 올라와 그때만 볼 수 있을 뿐이다.

나는 북아프리카의 튀니지에서 4월 한 달을 보낸 적이 있는데, 바람이 불자 인근의 산에서 짙은 안개가 피어올라와 하늘로 퍼져 나갔다. 신기한 광경에 재빨리 카메라를 꺼내 셔터를 마구 눌렀다. 우리나라에서는 좀처럼 볼 수 없는 광경이었다. 주변 사람들이 의아한 눈초리로 나를 쳐다보았다.

"소나무의 꽃가루를 찍는 겁니다."

"소나무 꽃가루라뇨?"

믿기 어렵다는 표정이었다. 그들은 매년 이맘때면 산에서 안개가 피어오르는 것이라고만 믿었다고 했다. 내 설명에 그제야 안개가 아니라 송

베란다 식물학

버드나무는 2~4월 걸쳐서 꽃을 피운다(위 왼쪽).
5월에 솜털을 펴고 날아다니는 것(위 오른쪽, 호랑버들)은
꽃가루가 아니고 씨다. 따라서 버드나무는 꽃가루 알레르기의 주범이 아니다.
이 시기 꽃이 한창 피는 소나무와 참나무가 범인이다. 소나무 숲에 바람이 불면
송화가 연무 같이 하늘에 피어오른다(아래, 튀니지에서 촬영).

화松花라는 걸 알게 되었고 매우 신기해했다. 그 지역은 우리보다 따뜻한 곳이라 소나무 꽃도 한 달이나 앞서서 핀다.

송화가 한창 날리는 5월에 하얗게 날리는 버드나무 꽃가루는, 실은 버드나무 종자에 달린 털, 즉 종모種毛이다. 날아다니는 털을 붙잡아 자세히 들여다보면 그 끝에 좁쌀보다 작은 씨가 달려 있다. 이 털은 민들레나 박주가리처럼 씨를 멀리, 안전하게 데려다 주는 날개이자 낙하산인 셈이다. 이렇게 날아다닐 수 있어 버드나무는 도시의 담 틈새건 어디건 제 영토를 만든다.

입춘이 지나면 텔레비전에서는 버들강아지를 보여주며 봄이 왔다고 호들갑을 떤다. 그것이 바로 버들강아지의 꽃이고 그 때가 바로 버드나무 꽃이 피는 시기다. 보통 나무는 잎도 피기 전인 3월, 기온이 조금만 올라가도 길가의 수양버들은 연초록으로 변한다. 그걸 잎으로 보지만 사실은 꽃이다. 그 시기의 한낮에 버드나무 밑에 서 있으면 벌들의 잉잉거리는 소리가 들리는데 올려다보면 엄청난 벌들이 꽃에 매달려 있다.

버드나무는 아직 어떤 꽃도 피지 않은 이른 봄에 꽃을 피운다. 버드나무 꽃은 아름다운 꽃잎도 향기도 없다. 그래서 사람들은 그게 꽃인지도 모른다. 그래도 벌들이 모여드는 것은 다른 꽃이 거의 없는 이른 봄에 풍성한 꽃가루를 주기 때문이다.

이른 봄 벌들에게는 꿀보다 더 긴요한 게 꽃가루다. 지난 가을, 벌은 겨울을 나기 위해 수벌을 죽이거나 내쫓고 일벌들도 더 만들지 않는 등 불필요한 식구를 최소로 줄였다. 겨울을 나고는 5월의 풍성한 꿀을 거둬들이기 위해 가능한 한 빨리 많은 일벌을 까고 키워야 한다. 일벌을 키우기 위해서 꽃가루가 없어서는 안 된다. 꽃가루는 풍부한 단백질을 지니고 있는데 이 시기에 버드나무 꽃은 유일한 먹이원이다.

버드나무는 주로 3, 4월에 꽃가루를 챙겨주고 자신은 씨를 만든다. 그러니 5월에 날리는 것은 꽃가루일 수가 없다. 도시를 배회하는 방랑자, 버드나무 꽃가루의 실체는 솜털을 달고 먼 나라까지 비행할 수 있는 '씨'다. 솜털을 보고 '버드나무 꽃가루'라고 말하면 '민들레 홀씨'라고 말하는 것처럼 상식이 부족한 사람이다. 홀씨는 하등식물의 번식기관일 뿐, 민들레 같은 고등식물에게는 해당되는 단어가 아니다. 그래서 '고사리 홀씨'와 '민들레 종자'라고 하는 것이 맞다.

제비꽃의 씨앗 퍼트리기 작전

새로운 식물들을 눈여겨보면서 화성시 교외의 호젓한 산길을 걷고 있는데 무덤들이 보였다. 봉분이 제법 크고 석물들이 도열해 있는 걸로 봐서 뼈대 있는 집안의 산소임이 분명했다. 그런데 잡풀이 무성한 것으로 봐서 자손들의 손길이 끊긴 지가 여러 해에 흐른 것 같았다. 이렇게 발길이 끊긴 산소에는 뜻밖에 다양한 식물들을 볼 수 있다. 양지바른데다 주변에 햇빛을 가리는 나무들이 없기 때문이다.

자손들이 대대로 고향에 남아서 농사를 짓던 불과 두 세대 전까지만 해도 선산 관리는 특별할 것이 없었다. 그러나 국민 100명 중 겨우 6.6명만 농촌에 사는 지금, 산소를 제대로 관리하는 일은 상당한 집념과 노력을 요구한다.

무덤의 양지 쪽에는 할미꽃과 둥굴레, 심지어는 꿩의다리 등 다양한 식물들이 자라고 있다. 그 한 자락에는 제비꽃도 무리를 이루면서 자리

고개를 숙이고 있던 제비꽃 꽃대(가운데)는
씨가 익으면서 빳빳하게 일어나 멀리까지
날아갈 수 있게 된다. 개미가 좋아하는
흰 양분덩이인 엘라이오좀이 붙어 있는
제비꽃(위 왼쪽)과 깽깽이풀(위 오른쪽),
파마자(아래)의 씨.

하고 있었는데 이미 꽃은 지고 씨 꼬투리만 달려 있었다. 꼬투리를 종이에 싸서 챙겼다. 씨를 자세히 관찰하기 위해서였는데, 제비꽃 씨에는 개미들이 좋아하는 영양 덩어리가 붙어 있다. 제비꽃 씨는 익자마자 꼬투리가 터져 버려 야외에서는 관찰하기가 어렵다.

떨어지는 바늘 소리조차 들리는 조용한 새벽에 글을 쓰고 있는데 어디서인가 '탁- 탁-' 무언가 터지는 소리가 난다. 음원音源을 찾아보니 제비꽃 씨를 싼 종이에서 나는 소리였다. 지난 번 산소에서 따다 놓고는 잊고 있었다. 접은 종이를 펴자마자 때마침 꼬투리 하나가 터지면서 씨가 산지사방으로 튀었다. 일반 씨앗처럼 종이를 펴놓고 말렸더라면 방안에 온통 제비꽃 씨가 흩뿌려질 뻔했다.

제비꽃을 모르는 사람은 드물다. 오랑캐꽃이라고도 부르는 이 꽃은 우리나라 어디든 피어 봄을 알린다. 서리가 아직도 내리는 이른 봄에 도시의 화단을 장식하는 우리 이름의 '삼색제비꽃'인 팬지pansy도 그 조상은 제비꽃이다.

'제비꽃'이라는 이름은 3월 삼짇날양력 4월에 강남에서 제비가 돌아오는 때에 피는 꽃이라 해서 얻었다고 한다. 또 '오랑캐꽃'은 이 꽃이 필 즈음에 양식이 떨어진 몽고나 여진의 오랑캐들이 쳐들어와서 붙은 이름이라는 설이 있으나, 정묘호란이나 병자호란이 모두 1월에 일어난 것으로 보아 설득력이 떨어진다. 오히려 이 꽃의 뒤통수에 붙어 있는 거鋸의 모양이 마치 오랑캐 뒷머리에 남겨 놓은 머리털 모양 같아서 얻은 이름이라고 하는 이론에 더 설득력이 있다.

제비꽃은 다른 식물과는 색다른 세 가지 재미있는 방법으로 자식들을 출가시킨다. 수정이 되면 꼬투리는 수줍은 소녀같이 고개를 숙이고 있다가 씨가 익어감에 따라 목을 점점 빳빳이 치켜세운다. 씨를 멀리 보내려는 작전이다. 다 익으면 꼬투리가 탁- 소리까지 내며 터지면서 씨를 가능한 한 멀리까지 보낸다. 자식과 어미, 자식들끼리도 가까이 있으면 생존경쟁이 가열될 터이므로 미리 피하자는 전략이다.

또 다른 하나는 개미를 이용한다는 점이다. 씨를 자세히 들여다보면 한 쪽에 눈곱만 한 작은 흰색의 덩이가 붙어 있다. 깽깽이풀과 어떤 종의 피마자 씨에도 붙어 있는 영양가 만점인 지방과 단백질 혼합덩이인 엘라이오좀elaiosome, lipid-body이다. 이 부분은 새끼들에게 귀한 식사감이라 개미들은 씨를 굴로 끌어들인다. 갉아 먹힌 씨는 개미에 의해서 들어온 역순으로 굴 밖 사방의 땅에 버려진다. 이런 작전 때문에 도시에서는 애써 가꿔 놓은 잔디밭 정원 여기저기에서 제비꽃이 애물단지가 되곤 한다.

요즘 부모님들은 자손들의 어려움을 예상해서 사후에 화장해 줄 것을 미리 당부하는 것이 대세가 되어가고 있다. 이 역시 많은 '자식 사랑' 방법 중 한 가지가 아닐까.

땅콩 씨앗의 숨바꼭질

● 50, 60십대들에게 땅콩 하면 깊은 향수를 불러일으키는 간식거리다. 그들이 어리거나 젊은 시절 기차를 타면 홍익회 판매원이 만원인 복도를 헤치고 다니면서 "심심풀이 땅콩 있어요. 오징어, 삶은 계란 있어요."라고 외치면서 팔았다. 셀로판 봉지에 20알이나 들었을까. 워낙 주머니가 얇았던 시절이라 고향을 오갈 때 큰 맘 먹어야 사먹었다.

'심심풀이 땅콩'을 먹다 '심심풀이 연애'에서 '심심치 않은 애인'까지 발전해 맺어진 커플들도 전국에는 꽤 있을 게다.

누구나 아는 것처럼 땅콩은 '땅에서 달리는 콩'을 줄인 말이다. 낙화생落花生, 또는 남경두南京豆라는 한자 이름도 갖고 있다. '꽃이 떨어져서 생기는 콩', '중국의 남경에서 들어온 콩'이라는 뜻이다. 말 그대로 땅속에서 열리는 콩인데, 많은 사람들은 고구마처럼 땅콩도 뿌리가 부풀어서 생기는 것이라고 짐작한다.

그런데 그게 아니다. 땅콩의 꽃은 여느 작물처럼 줄기에서 꽃이 핀다. 그런데도 씨는 땅속에서 달리는데 이 과정을 지켜보면 참 신기하다. 꽃이 피어 수정이 되고 땅에 꽃이 떨어지면 떨어진 자리의 흙 속에서 콩이 달린다.

어떻게 떨어진 꽃에서 콩이 열린단 말인가? 땅콩그루에 리모컨이라도 있단 말인가? 우리가 먹는 모든 콩은 땅 위에 있는 줄기에서 꼬투리가 열리고 콩은 그 속에서 익는다.

그러나 땅콩만은 전혀 다르다. 꽃가루받이를 하고 나면 꽃자리에서 줄기가 생기면서 자라서 땅 속을 파고들어간다. 땅콩은 그 줄기 끝에서 나와 자란다. 워낙 일반 식물과는 다른 번식 전략을 가지고 있어서 이렇게 설명하면 "설마 그럴 리가…" 하고 생뚱맞은 표정을 짓는 사람도 적잖다.

땅콩은 포기가 워낙 무성하고 노랗게 피는 꽃은 아주 작아서 자세히 들여다보지 않으면 꽃 보기가 쉽지 않다. 한 꽃 속에 암술과 수술이 있어서 동기간끼리 결혼한다. 모든 콩은 꽃가루받이가 되면 그 자리에서 꼬투리가 달리는데 땅콩만은 예외다. 꽃가루받이가 끝나면 꽃에 있는 특이한 모양의 씨방자루peg가 꽃자리의 아래쪽에서 땅으로 곧게 뻗는다. 씨방자루 끝을 확대경으로 보면 흙을 잘 파고 들어갈 수 있도록 송곳 모양이다. 그 끝에는 수정된 밑씨가 있고 골무조직이 있어 흙을 뚫고 들어갈 때 씨방을 보호한다. 씨방자루가 마치 뿌리 같지만 양분과 수분을 빨아들이는 뿌리는 따로 있다.

씨방자루가 땅속 3~5cm 깊이에서 자람을 멈추고 나면 비로소 씨방이 부풀어 오르면서 땅콩이 크기 시작한다. 이 때 비닐이 덮여 있으면 씨방자루가 뚫고 들어가는데 에너지를 많이 써버려 땅콩이 작다. 이 점을 알고 있는 밭주인은 씨방자루가 생길 즈음에 그루 주변의 비닐을 찢어 주기도 하고 씨방자루가 뚫을 수 있게 미리 얇은 비닐로 덮는다. 흙속에 양분과 물이 충분하면 꽃이 피는 수만큼의 땅콩이 열린다. 반대로 양분과 수분이 부족하면 꽃도 적고, 꽃이 피어도 땅콩이 꽃수만큼 다 열리지 못한다. 땅콩은 석회를 아주 좋아하기 때문에 석회를 주면 많이 달린다.

이렇게 땅 속에 숨어서 영그는 꼬투리는 아무래도 동물들의 눈에 띄지 않아 덜 먹힌다. 이게 땅콩이 진화해 온 결과다. 땅콩도 다른 대부분의 콩과식물처럼 해가 질 무렵이면 잎을 접었다 해가 뜨면 펼친다. 햇빛이 없는 밤에는 잎을 접어두는 것이 훨씬 안전하기 때문이다.

땅콩은 고구마처럼 뿌리에 달리는 덩이뿌리가 아니고 수정이 끝나면
씨방자루가 밑으로 자라서 땅 속에서 씨방이 큰 것이다(위).
양분과 수분을 빨아 먹는 뿌리는 따로 보인다(아래).

CHAPTER. FOUR + +

봄이 되면 죽은 듯한 가지에 물이 오르고 꽃과 잎이 핀다. 추운 겨울을 어찌 견디고 살아남아 이렇듯 아름다운 꽃을 피울 수 있을까? 식물은 현명하게 자신이 살기 어려운 계절에 최대한으로 에너지 사용을 줄이고 얼지 않게 수분도 내보내며 봄에 눈을 틔울 수 있는 에너지를 비축한다. 겨울을 준비하는 것처럼 자신의 인생을 냉혹하게 준비하는 식물도 있다. 망초는 화학물질을 분비해 주위 다른 식물을 죽이면서 자신의 터전을 지키고, 소나무 뿌리는 강산을 분비, 절벽의 바위를 깎아 양분을 얻는다. 혹독한 겨울을 지나 봄을 준비하는 모습과 독을 뿜으면서까지 자신의 영역을 지키며 사는 식물의 모습이 마치 치열하게 인생에서 살아남기 위해 노력하는 우리네 모습과 많이 닮은 것 같다.

겨울이
지나지 않고
봄이 오랴

긴긴 겨울을
어떻게 보내지? >>>

쉿! 나무들은 지금 절대 수면 중

식물도 동물처럼 잠을 잔다. 그렇다면 식물도 동물처럼 밤에 쿨쿨 코를 골면서 잘까? 그렇지 않다. 식물이 자는 때나 자는 모습은 동물과는 전혀 다르다. 동물은 하루 중 일정한 시간에 잔다. 소나 돼지 같은 가축은 해가 지면 잔다. 그러나 이것들을 잡아먹고 사는 호랑이나 늑대 같은 맹수는 낮에 자고 밤에만 활동한다. 또 잘 때나 깨어 있을 때의 모습이 크게 다르지 않다.

식물은 낮이나 밤이나 쉬지 않고 일을 한다. 그 대신 몰아서 한 계절에 잠을 잔다. 우리나라와 같은 온대에서는 추운 계절에 자고, 사막에서는 건기 동안 잔다. 말하자면 동물은 하루 중 일정 시간에 자고, 식물은 현명하게도 자신이 살기 어려운 계절에 잔다.

겨울잠을 자는 반달곰은 가을에 들어서면 솜털이 촘촘하게 돋고 하루 15kg 이상씩 먹어 가죽 밑에 지방을 두껍게 저장해 둔다. 식물도 동물 못지않게 미리미리 준비한다. 봄철 순이 어린 가죽나무는 수액이 달콤해 꽃매미가 몰려들지만 8월이 되면 월동준비를 시작하기 때문에 수액성분에 변화가 생겨서 맛이 없어진다. 더 이상 먹을 수 없게 되면 꽃매미는 주변에 있는 포도나무로 옮겨간다. 포도나무는 과실을 완성하기 위해 한창 달콤한 수액을 올리고 있다. 그 때문에 가을에 포도농가는 큰 피해를 입는다.

처서(8월 23일경)로부터 시작해 낮의 길이가 짧아지기 시작하는 추분(9월 28일경)이 지나면 대부분의 나무는 잎에 있는 양분조차 줄기나 뿌리로 내보내기 시작한다. 물도 조금만 빨아들인다. 성장도 멈춘다. 불필요한 엽록소를 분해하여 그중에 필요한 성분은 저장한다. 그 결과 단풍이 든다. 추워짐에 따라 세포가 얼어 터지지 않게 물을 모두 세포 밖으로 내보내 세포의 농도가 진해진다. 그래서 소나무나 사철나무 같이 상록수의 겨울 잎은 물이 줄어들어 봄에 비해 어둡고 칙칙하다. 그렇다면 밤에도 낮처럼 밝은 가로등 밑에서 자라는 나무들은 어떨까?

8월 중순이 지나자 우리 집 주변 논에서는 모두 이삭이 팼는데도 한 논배미의 귀퉁이 벼는 이삭이 나오기는커녕 키만 껑충하게 자랐다. 다른 벼들은 익어서 이삭이 고개를 숙이는 10월에서야 겨우 이삭이 나왔지만 마치 반항하는 10대처럼 고개를 빳빳하게 세우고 있다. 눈을 들어 보니 논가의 전봇대에 가로등이 걸려 있다. 한국전력에 신고해서 가로등을 길 쪽으로 돌려놓았지만 이미 때가 늦었다. 밤에도 계속 빛이 있으니까 만든 양분의 저장을 잊은 채 미약하나마 광합성을 하는 통에 낟알이 영글지 못한 것이다. 이 점을 안 한국전력은 은박지로 논밭 가에 서 있는 가로등 불빛을 막는 조치를 취하고 있다. 아파트의 정원에서도 이

가로등에 속은 자작나무는 여름으로 착각하여 단풍을 만들지 않아
녹색이 많다. 낙엽도 안 된 채 겨울잠 잘 준비가 안 되었다.
이런 가지는 조금만 추워도 얼어 죽는다.

런 광경이 목격되었다. 가로등을 품고 사는 자작나무는 가을이 왔는데도 가로등에 속아서 겨울준비를 하지 않았다. 단풍도 들지 않았고 잎자루에 떨켜가 생기지 않아 낙엽도 되지 않은 채였다.

일본에서는 늦가을에 가로등 옆에서 자라는 미루나무를 조사해 보았다. 가로등 옆 여전히 잎이 파란 나뭇가지는 영하 5도에서, 조금 떨어져 단풍 든 가지는 영하 15도에서 얼어 죽고, 가로등 불빛이 전혀 닿지 않는 먼 곳에서 완전히 낙엽이 된 가지는 영하 30도 이하에서도 죽지 않고 버텼다. 겨울준비가 이렇게 덜 된 나무는 겨울에 얼어 죽는다. 결국은 가로등 불빛이 미루나무를 얼어 죽게 만들었다.

우리나라 참나무를 겨울이 없는 열대지방에 심으면 어떻게 될까? 일년 내내 자라기만 할까? 그렇지는 않다. 절기상 우리의 가을쯤 되면 습관적으로 역시 낙엽이 된다. 그러나 따뜻해도 새싹이 잘 안 나온다. 추위에 일정 기간을 놓아두어야 제대로 싹이 나온다. 12월은 우리나라 나무들에게는 하루 중 한밤중이다. 이때는 따뜻한 곳에 놓아두어도 싹이 나오지 않는다. '절대휴면' 중이기 때문이다. 12월 말까지 찬 곳에서 있었던 것을 따뜻한 곳에 놓아두면 싹이 나온다. 그때는 반쯤 잠이 깨어 있는 상태이기 때문에 자랄 수 있는 조건만 되면 눈이 터서 자란다. 이렇게 반쯤 깨어 있는 상태를 '상대휴면'이라고 한다.

잘 자 두어야 잘 크고 다시금 활발한 활동을 할 수 있는 것은 사람이나 나무나 꼭 같다. 또한 따끔한 겨울을 보낸 사람이 더욱 인간적이고 더 번성하는 것도 나무와 같다.

압축파일을 쓰는 똑똑한 고구마

이웃집 아주머니가 고구마를 한 바가지나 가져다주었다. 손수 가꾼 고구마이다. 싹이 손가락 길이만큼 나와 있다. 그도 그럴 것이 5월 말, 밭에 놓은 고구마순은 이미 제법 넌출을 뻗고 있다.

"아주머니, 싹이 나왔는데 맛이 있을까요?"

아주머니는 그런대로 먹을만하다며 찌기 전에 잘라서 바람이 든 것은 버리라고 했다. 잘라 보니 신기하게도 바람 든 것은 하나도 없고 맛도 그런대로 좋다.

고구마를 먹으면서 이들이 살아남기 위해 한 노력과 자손을 퍼트리기 위해 동원하는 지혜에 대해 잠시 생각해 보았다. 알다시피, 감자는 뿌리를 몇 조각으로 나눠 흙에 심지만, 고구마는 뿌리를 직접 심지 않는다. 일단 뿌리에서 싹을 틔운 후 자란 줄기를 잘라 흙에 꽂아 놓으면 뿌리가 나고 거기에서 고구마가 달린다. 아프리카 르완다에서 본 광경인데, 마침 건기라 흙에 꽂은 줄기가 거의 다 말라 죽었는데도 비가 조금 내리자, 되살아나 고구마가 달렸다. 아프리카와 같이 건조하고 척박한 지역에서도 비료도 없이 고구마가 구황작물로 인기가 높은 것은 이렇게 나쁜 환경에도 억척스럽게 살아서 양식이 돼주기 때문이다.

잎이 예닐곱 장 달린 고구마 줄기를 흙에 꽂으면 잎은 즉시 광합성을 시작한다. 광합성으로 만든 포도당으로 우선 뿌리와 새 잎을 만든다. 잎이 점점 많아지면 새 잎을 만들면서도 한편으로는 뿌리에 양분을 저장하는데 이것이 고구마다. 이는 마치 취직한 젊은이가 처음에는 겨우 먹고 살지만 점차 호봉과 직위가 올라 저축 액수를 늘리는 과정 같다고나

고구마는 잎에서 만든 포도당을 자당→전분으로 압축하여
뿌리에 저장하였다가 봄이 되면 반대로
전분→자당→포도당 순으로 압축을 풀어 잎을 만든다.

할까.

　포도당 그대로는 뿌리까지 갈 수도 없고, 뿌리에 저장되지도 못한다. 포도당 분자 2개가 합치면서 물H_2O 한 분자가 빠져나가 자당 한 분자가 된다. 자당이 되어야 줄기의 체관을 통해 뿌리까지 이동할 수 있다. 자당이 뿌리에 도착하면 또다시 물 분자가 빠져나가면서 수백, 수천 개의 자당 분자가 서로 붙어 전분이 된다. 전분이 되어야 뿌리에 저장이 될 수 있다. 물이 빠져나간 만큼 부피도 줄고, 수분도 적어져서 겨울 동안 얼지 않게 된다. 다시 말하자면 잎이 만든 포도당은 압축되어 자당이 되고, 자당이 다시 압축되어 전분이 된다. 이 과정은 우리가 컴퓨터로 파일을 압축하는 것과 같다. 겨울을 나고 날씨가 따뜻해지면서 고구마에 물이 닿으면 압축파일이 스르르 풀리면서 압축과정의 반대로 전분→자당→포도당이 되어 잎을 만들고 다음 생을 반복해간다.

　압축파일이 풀리면 뿌리는 맛과 약효가 사라진다. 그래서 더덕이나 약초 모두 싹이 나오기 전에 먹거나 여전히 겨울이라고 착각하도록 차게 두어야 한다. 그렇다고 무한정 오래 둘 수 없다. 뿌리나 씨는 어디에 두어도 체내에 있는 생물시계가 계절을 귀신같이 알아채고 자신을 깨운다. 가을에 꿀맛이던 사과를 아무리 잘 저장해도 여름이면 바람 든 무처럼 푸석푸석하고 맛도 무맛이 되고 만다.

살아남은 대파의 비결

●　　　　　지난해는 배추가 풍년이라 내가 사는 오산에도 밭에 내깔려 둔 배추가 많았다. 된서리에 겉잎부터 얼어 들어가면서 12월이 되

자 폭삭 물러앉아 버렸다. 주인이 정성들여 가뭄에 물도 주고 비료도 준 것이라 참 아까웠다. 이와 대조적으로 밭 귀퉁이에 비료 냄새도 맡지 못해 포기도 앉지 못한 채 납작하게 땅에 붙어 있던 배추는 매서운 강추위에도 끄떡없이 겨울을 나서 봄동이 되었다. 배추밭가의 대파도 겨울을 잘 견디었다.

왜 같은 배추인데 포기 앉은 배추는 얼어 죽고, 봄동과 대파는 얼어 죽지 않는가? 포기 앉은 배추는 주인의 정성어린 비료와 물을 실컷 먹고 무럭무럭 자랐다. 빨리 자라다 보니 세포벽이 얇아 잎과 줄거리가 연하고, 세포에 물이 많아 쉽게 얼 수밖에 없다. 반면 비료가 닿지 않은 배추는 영양이 부족해서 빨리 자랄 수가 없었다. 겨우겨우 살아가자니 자연히 세포벽이 두꺼워질 수밖에 없고 세포에 물도 적으니 엔간한 추위에는 얼지 않는다. 시련을 많이 겪은 식물이나 사람이 역경에 잘 견디는 것은 자연의 이치인가 보다. 봄동을 보고 있노라면 '역경은 또 다른 모양의 축복'이란 말이 맞는 것 같다.

날씨가 선선해지기 시작하면 동물들이 피하에 지방을 저장하는 것처럼 식물도 준비를 시작한다. 기온이 서서히 낮아지면 그에 맞춰 세포막에 불포화지방산을 배치하여 물과 겨울 준비와 관련된 성분들이 쉽게 드나들도록 한다. 세포에 있는 수분은 밖으로 내보내서 세포액의 농도를 높임으로써 세포가 얼지 않도록 한다.

이런 현상은 배추를 절여 보면 금방 알 수 있다. 여름 배추는 쉽게 소금에 절여진다. 일단 절여지면 세포가 파괴된 것이라 물에 담가도 다시 살아나지 못한다. 이에 비해 봄동은 잘 절여지지도 않지만, 절었다 싶어도 놔두면 다시 살아난다. 세포질의 농도가 높아서 좀처럼 세포 자체가 깨지지 않았기 때문이다.

늦가을과 초겨울 기온이 따뜻하다가 갑자기 추워지거나, 반대로 봄이 오는 듯싶다가 갑자기 영하로 떨어지는 해에는 식물들이 잘 얼어 죽는다. 사람은 추우면 그때그때 두꺼운 옷을 걸치면 되지만, 홀딱 벗은 식물은 앞서 말한 겨울준비와 마찬가지로 봄 준비도 매우 천천히 하기 때문에 급작스런 기온 강하에는 적응하지 못하고 얼어 죽고 만다.

보통의 식물들은 영하에서는 얼어 죽지만 북미 로키산맥의 소나무는 영하 80도에서도 살아남는다. 또 영하의 혹독한 추위에도 꽃이 피는 식물이 있다. 복수초나 튤립, 히아신스, 그로코스, 아네모네, 앉은부채, 얼레지 같은 식물은 겨울에도 조금씩 자라면서 눈이 녹을 무렵부터 꽃을 피운다. 꽃샘추위에도 얼지 않는다. 이들은 변덕스런 봄 날씨를 알고 있기 때문에 그에 대한 대비를 늘 하고 있기 때문이다.

보리나 대파 같은 월동작물은 아예 가을부터 겨울 추위를 단단히 대비한다. 가을에 식물이 가장 먼저 하는 일은 자람을 멈추고 그동안 만든 당을 모두 전분으로 저장하는 일이다. 전분은 당의 압축 파일이다. 우리가 먹는 곡물은 대부분 전분이다. 밀의 전분은 포도당이 2,000개가 압축되어(밀의 전분은 '아밀로스'라고 한다) 있고, 찹쌀은 포도당이 2백만 개가 압축되어(찹쌀의 전분은 '아밀로펙틴'이라 한다) 있다. 침과 소화액이 전분의 압축파일을 풀어 포도당으로 만들면 드디어 핏속으로 들어갈 수 있다.

식물은 당으로는 부피가 커서 많이 저장할 수 없으므로 일단 전분을 만들어 한껏 양분을 저장해 둔다. 10월 하순경이 되면 전분을 당으로 전환하는데, 그렇게 되면 자동차 라디에이터에 물 대신 부동액으로 바

대파의 늙은 잎 세포는 물이 많아 얼어 죽지만 어린잎은 물은 적고 당이
많아 얼지 않는다. 하지만 비료가 적어서 가을철에 양분을 충분히
축적하지 못한 대파는 어린잎까지 다 얼어 죽는다. 배추도 늙은 잎은
얼어 죽지만 당분이 많은 어린잎은 살아남아 봄동이 된다.
사람도 식물처럼 미리 대비하면 역경을 잘 넘을 수 있다.

꾸는 차이만큼이나 세포질은 설탕의 농도가 높아서 얼지 않는다. 그와 동시에 남았던 물을 세포 밖으로 내보낸다. 노지 채소가 겨울에 달고 고소한 것은 이 때문이다. 이런 복잡한 화학변화가 일어나 겨울을 나는 이파리들은 보통 영하 50도에서도 얼지 않는다.

대파를 보면 늙은 잎은 얼어 죽는데 반해 어린잎은 여전히 푸르다. 대체로 늙은 잎의 세포는 늙으면서 물주머니인 액포(액포는 폐액통이지만 때로는 식물이 필요한 성분은 다시 꺼내다 쓴다)가 점점 커져 90%까지 늘어난다. 하지만, 반대로 어린잎은 10%도 안 된다. 늙은 잎은 얼어 죽지만 어린잎이 얼지 않는 것은 세포가 물은 적고 당은 많으며 액포는 작고 세포질은 많기 때문이다. 대파, 마늘, 양파 같이 강추위에도 살아남을 수 있는 월동 식물들의 유전자 중에 이런 과정을 거치게 하는 유전자가 따로 있다.

봄에 날씨가 따뜻해지면, 가을에 일어났던 화학변화가 역순으로 일어나 당분은 분해되어 새싹과 꽃으로 되기 때문에 잎이나 뿌리는 맛이 없어져 버린다. 더덕 같은 뿌리채소는 땅이 얼기 전이나 녹을 무렵에 캐어 먹어야 진짜 제 맛을 즐길 수 있다.

참나무 낙엽이 봄까지 버티는 사연

식물이 지구에 최초로 생겨난 때는 4억 7천 5백만 년 전이고, 인간은 이보다 훨씬 늦은 3백만 년 전이라고 한다. 지구상에 먼저 나타난지라 식물의 생존전략을 들여다보면 만만치가 않다.

추운 겨울, 목련의 겨울눈을 들여다보면 자칫 얼어 죽을까봐 솜털로 빽빽하게 덮은 인편으로 눈을 몇 겹씩 둘러싸고 있어서 영하 50도에서도 끄떡없다. 영산홍은 꽃망울 주변에 잎을 매단 채 겨울을 나는데, 잎을 확대경으로 들여다보면 우단 같은 솜털이 마치 토끼의 귀처럼 덮여 있고 엄마의 두 손이 아기의 시린 뺨을 감싸듯 꽃망울을 감싸고 있다.

그렇게 겨울을 버티던 영산홍의 겨울 잎들도 봄이 오면 꽃망울 주변에 2~3장을 남겨놓고 아래 잎들은 낙엽이 진다. 이처럼 낙엽이 꼭 가을에만 일어나는 것은 아니다. 겨울눈을 각별히 보호하는 이유는 다음 해에 양식을 만들 잎과 자손을 퍼트릴 꽃이 그 속에 압축되어 있기 때문이다.

겨울철의 참나무들을 유심히 살펴보면 이상한 점을 발견한다. 이미 커버린 나무들은 모두 낙엽이 되어 가지가 앙상하지만, 어린 것들은 말라빠진 잎을 나무 가득 매달고 찬바람이 지나가면 무엇이 그리 재미있는지 '소소소…' 재잘대고 있다.

어린 참나무 잎이 가을 낙엽으로 잘 떨어지지 않는 이유에 대해 전문가들은 이렇게 추측하고 있다. 원래 참나무의 고향은 더운 지방이다. 우리나라 남쪽에 많이 자생하고 있는 상록성의 가시나무류를 보면 알 수 있다. 이들이 온대지방으로까지 영역을 넓히다 보니 아직도 적응이 덜되어, 가을이 되어도 떨켜층을 잘 생성하지 못한 때문이다. 또는 가을 강추위가 때 이르게 덮치는 바람에 미처 떨켜층을 만들지 못해 잎이 누렇게 변한 채 오랫동안 달려 있기도 하다. (참나무과인 가시나무는 이름으로 봐서는 나무에 가시가 있을 것 같지만 원래 가서목哥舒木→가서나무→가시나무로 변화한 것이라고 추정하고 있다. 잎이 바람에 흔들리는 모습이 마치 형哥이 떠는舒 것 같아 보인 다는데서 유래된 이름이라고……)

그런데도 어른이 된 참나무는 갈참나무니, 신갈나무니 하는 종에 관계없이 여느 나무처럼 겨울로 접어들면 잎이 모두 떨어지는 반면에, 어린나무는 모두 낙엽이 지지 않은 채 겨울을 나는 이유는 무얼까?

어린 참나무들은 아직 추위에 약하다. 마른 잎을 매단 채로 겨울을 나면 매서운 찬바람의 직격탄으로부터 눈을 보호할 수 있다. 어떤 사람은 그까짓 작은 이파리들이 어떻게 세찬 겨울바람을 막아주겠느냐고 반문한다.

문제는 바람의 속도다. 기온은 영하 10도 정도라 해도 바람이 세차면 체감온도는 이보다 5도 이상 더 떨어진다. 세찬 바람은 겨울눈을 얼리는 한편, 껍질로부터 수분을 빼앗아 말라 죽게 한다. 고속도로 옆에 서있는 소나무가 유난히 겨울철에만 갈색으로 말라 죽어가는 것을 볼 수 있는데 달리는 차가 만드는 세찬바람을 직격으로 맞아서 탈수가 일어난 때문이다. 잎에서 수분을 강제로 계속 빼앗기고 있지만 뿌리는 속수무책이다. 흙은 꽁꽁 얼어 있어 물을 흡수하지 못한다. 아무것도 아닌 것 같아도 마른 잎은 바람의 속도를 떨어뜨려 겨울눈을 보호하는 데 결정적인 역할을 한다.

이렇게 마른 잎이 봄까지 버티다가 떨어지는 데도 이유가 있다. 이 점은 내 짐작인데, 가을에 떨어진 낙엽은 세찬 겨울바람에 어디론가 날려가 버리지만 산들바람이 부는 봄에 떨어지는 낙엽은 제 발치에 쌓여서 어린나무의 거름이 될 수 있기 때문에 봄까지 버티는 것은 아닐까. 우리의 어버이가 당신들의 사후에까지도 자식들에게 이로운 어떤 조치를 취해 놓고 먼 길을 떠나시는 것처럼……

베란다 식물학

어린 참나무는 겨울눈을 보호하기 위해
낙엽을 매단 채 겨울을 나지만
다 크면 가을에 낙엽이 진다(위).
영산홍은 솜털이 촘촘히 난 잎이
꽃망울을 보호하면서 겨울을 난다(아래).

대파

🌡️ __20℃ 내외
💧 __1주일에 두 번(충분한 관수)
🌱 __3∼4월, 9월 중순
🌾 __9월(봄 파종시), 3월(가을 파종시)

● 　　음식의 감초. 칼슘, 미네랄, 비타민이 많고 특유의 향취가 있어 요리에 다양하게 쓰인다. 뿌리와 비늘줄기는 거담제, 구충제 등으로도 쓰이는 유용한 식물. 파를 기를 때 씨앗을 심는 방법도 있지만, 파의 하얀 밑동을 잘라 키우는 쉬운 방법도 있다. 밑동을 심는 방법은 큰 화분에 흙을 넣고 대파의 밑동을 꽂으면 끝. 이틀 정도는 반그늘에 두고 양지로 옮기면 며칠 후 무성히 자라는 대파를 볼 수 있다. 분갈이만 잘 하면 계속 먹을 수 있지만 오래 수확하면 파가 가늘어지기에 너무 가늘다 싶으면 새로운 대파 밑동으로 갈아 심자.

🌸 **손쉽게 키우는 채소**

부추 부추는 1년에 5회 정도 수확할 수 있을 만큼 잘 자란다.

바질 맛뿐만 아니라 허브향도 좋은 채소. 특히 스위트 바질,
　　　부쉬 바질이 키우기 쉽다.

근대, 적근대 물을 많이 안 줘도 잘 자라는 채소. 쌈, 절임 등
　　　다양한 음식으로 먹는다.

식물의
한겨울 패션 센스 ⟩⟩⟩

털 코트로 감싼 백목련의 꽃봉오리

●　　　봄이 되어 죽은 듯한 나무에서 꽃과 잎이 피는 광경은 경이롭다. 엄청나게 추운 겨울을 어찌 견디고 살아남아 이렇듯 아름다운 꽃을 피울 수 있을까?

3월이 매화와 산수유의 계절이라면, 4월은 목련의 계절이다. 꽃 필 때의 반가움은 찰나에 지는 아쉬움으로 뒤바뀌지만, 목련만큼 이별의 아쉬움을 크게 주고 떠나는 꽃은 없을 것 같다. 나무 가득 화사하게 활짝 핀 백목련은 눈이 부시다. 무수한 꽃봉오리들이 하나 둘 열려 드디어 모든 꽃이 다 피었나 싶으면 속절없이 뚝뚝 떨어져 마치 속세의 인연을 끊고 미련 없이 산으로 들어가는 소녀의 뒷모습 같다. 하얀 꽃으로 가득했던 모습이 빈 하늘처럼 텅 비어버린 나무를 보면 누군들 아쉽지 않으리. 목련은 만개도 하기 전에 세찬 비바람에 못다 핀 꽃들이 속절없이 사라지곤 하는 해가 자주 온다. 그래도 꽃이 떨어진 상흔에서 새잎은 희망으로 돋아난다.

목련은 소녀의 마음처럼 따뜻함에 매우 민감한 꽃이다. 한 나무에서도 건물이 바람을 막아주면 벽 쪽은 만개하지만, 조금만 떨어져 있어도 봉오리는 겨우 꽃껍질이 벌어질 정도다.

백목련은 또 다른 이름을 갖고 있다. 꽃봉오리가 북쪽을 향해 벌어지기 때문에 '북향화北向花'라고 부른다. 모든 꽃봉오리들이 하나 같이 북쪽을 향해 두 손을 모으고 기도하는 모습처럼 핀다. 꽃잎이 워낙 온도에 예민해서 따뜻한 햇볕을 바로 받는 남쪽 꽃잎은 먼저 자라고 응달 드는 북쪽 꽃잎은 뒤늦게 천천히 자라기 때문이다.

그런데 백목련 꽃을 들여다보면 아름다운 점 하나를 더 발견하게 된다. 꽃을 싸고 있는 꽃껍질, 즉 포苞와 안쪽에 한 겹 더 있는 꽃껍질에 덮여 있는 무수한 털 무리들이다. 확대경으로 들여다보면 마치 보송보송한 우단 덧옷을 걸쳐 입은 듯한 모습인데, 그 자체로도 여간 아름다운

동물의 모피처럼 빽빽하게 털이 나 있는
두 겹의 꽃껍질이 백목련의 꽃봉오리를
매서운 겨울 추위로부터 막아준다.

게 아니다. 빽빽한 털은 겨울 동안 마치 동물의 모피처럼 꽃이 얼지 않도록 해준다.

목련은 얼지 않게 꽃을 털 코트로 감싸고, 튤립이나 크로커스는 핀 꽃도 추우면 꽃잎을 여닫아 암술과 수술이 얼지 않게 보호한다. 이들을 보고 있으면 잊고 있었던 엄마의 사랑을 눈으로 보는 것 같다.

흰색 외투를 입은 자작나무

불과 20년 전만 해도 사과하면 대구사과가 우리나라에서 가장 유명했다. 그런데 요즘은 어떤가? 예전에는 듣고 보지도 못했던 강원도 영월 사과가 자주 화제에 오르내린다. 불과 몇십 년 사이에 사과나무는 150km를 북상했다. 그동안 과학자들은 "지구 온난화다, 아니다"로 팽팽하게 맞섰지만 '지구온난화'는 부정할 수 없는 사실이 되고 말았다. 그러는 사이에 대구, 경산의 사과밭은 '대추밭'으로 변했다.

'상전벽해桑田碧海, 뽕밭도 언젠가는 바다가 된다'는 속담처럼 세상은 변하게 되어 있다. 그대로 있는 것은 아무것도 없다. 우리네 삶에서도 어려울 때나 잘 나갈 때나 언젠가는 그 반대되는 때도 올 것이라고 생각하면 훨씬 살아가는 것이 수월하고 즐겁다.

지난봄에 여전히 사과로 유명한 충남 예산을 방문했다. 야트막한 구릉이 온통 사과 과수원으로 덮여 있는 오가면을 돌아보는데 갓 심은 어린 사과나무 줄기마다 흰 페인트를 칠해 놓았다.

그 광경을 보니 문득 미국 미네소타주립대학의 수목원이 떠올랐다. 미네소타주는 미국의 가장 북쪽이라 겨울 추위가 영하 30도 이하의 강추위로 유명한 곳이다. 그래서 미네소타주립대학은 일본의 홋카이도대학과 함께 식물이 얼어 죽는 데 대한 연구가 세계적으로 유명하다.

20여 년 전에 뽕나무가 얼어 죽는 피해凍害를 연구하기 위해 연구교수로 미네소타주립대학에서 한 해를 머문 적이 있다. 500헥타르나 되는 대학의 수목원을 돌아보는 동안 내 눈길을 끈 것은, 예산의 사과나무처럼 모든 어린나무 줄기에 하얀 페인트를 칠해 놓은 것이었다. 관리인에게 이유를 물어보았더니 얼어 죽지 말라고 해놓은 것이라고 설명했다. 미네소타처럼 추운 곳뿐만 아니다. 이보다 훨씬 따뜻한 캘리포니아주 로스앤젤리스의 끝이 안 보이는 오렌지 과수원에서도 나무에 하얗게 페인트를 칠해 놓는다. 오렌지가 열릴 정도로 따뜻한 남쪽의 로스앤젤리스도 미네소타와 같은 나무가 어는 피해를 받기 때문이다. 어떻게 흰 페인트가 어는 피해를 막아주는 걸까?

극단적인 예를 들자면 백두산처럼 높은 산. 이른 봄에 나무줄기의 남쪽 면은 낮과 밤의 온도차가 20~30도나 된다. 낮에는 그대로 쏟아져 내리는 강한 햇볕에 화상을 입을 정도다. 따가운 볕을 쬔 나무(특히 남쪽 부분)는 봄이 온 줄로 착각하고 물을 빨아올린다. 그러다 밤이 되면서 기온이 영하 10도 이하로 곤두박질치면 물로 채워진 줄기(정확하게 말하자면 물관)가 얼어 터져버린다. 낮에는 화상, 밤에는 동상을 당하는 것이다.

그런 고산의 숲을 넓게 차지하는 나무가 있다. 하얀 줄기껍질을 가진 자작나무와 사스래나무다. 이들로 인해 고산지대의 숲은 마치 백악白堊의 성처럼 아름답다. 하얀 껍질은 햇빛을 반사시켜 화상을 피한다. 햇빛을 반사하기 때문에 줄기가 서늘해져 물이 올라오지 않아 밤 동안 얼어

자작나무는 껍질이 흰색이라
겨울철에 얼어터지지 않는다. 이 점에 착안해서
사과나무에 흰 페인트를 칠해 어는 피해를 예방한다.

터지지도 않는다. 줄기가 하얗게 진화한 자작나무나 사스래나무들만이 살아남아 자손을 퍼뜨릴 수 있어서 고산지대는 저들이 만든 백악의 천지를 이룬다.

그래서 과학자들은 고산지대에 우점하는 이 나무들의 지혜를 빌려 흰 페인트로 어는 피해를 예방하게 된 것이다. 높은 산뿐만 아니라 평지에서도 얼어 터지는 일은 일어난다. 고산지대보다는 평지의 겨울이 따뜻하지만 평지의 나무들은 그 정도 추위에도 약하기 때문이다. 어린나무에만 흰 페인트를 칠해주는 것은 어릴 때는 줄기껍질이 얇아서 쉽게 얼어 터지기 때문이다.

선글라스를 쓰는 겨울 이파리

집에 보낼 편지에 괴로움 말하려다 / 흰머리 어버이 근심할까 두려워 / 북녘 산에 쌓인 눈이 천 길인데도 / 올겨울은 봄날처럼 따뜻하다 적었네.

● '조선의 이태백'으로 불린 이안눌李安訥이 함경도 관찰사 시절에 키가 넘게 눈이 쌓인 변방에서 겨울을 보내며 지은 시 「집으로 보내는 편지寄家書」의 전문이다. 부모님이 마음 아파하실까봐 객지에서 고생하는 자식은 거짓말을 적어 보낸다. 춥지만 이런 훈훈한 이야기들로 해서 우리의 겨울은 여전히 따뜻하다.

겨울로 접어들면 인부들은 도시의 앙상한 가로수를 볏짚으로 감싸준다. 우리 동네에서 이 작업을 하고 있는 인부에게 한 번은 왜 그렇게 하느냐고 물었더니, 뜨악한 표정으로 퉁명스럽게 대꾸한다.

"그것도 몰라요? 겨울에 얼어 죽지 말라고 해주는 거잖아요."

머쓱했다. 과연 그럴까?

"아니오"가 정답이다.

만일 어린나무 전체를 폭 감싸주는 것이라면 그 말이 맞을 수도 있다. 어린나무는 아직도 껍질이 얇아서 세찬 바람을 계속 맞으면 곧잘 줄기 속의 물관이 얼어 터져 죽거나, 줄기로부터 탈수가 일어나서 말라 죽는다. 그렇지만 큰 나무 허리를 두어 뼘 감싸준다고 얼어 죽는 것을 막을 수 있을까? 발가벗은 채 담요를 허리에 두른다고 매서운 추위를 이길 수 없는 거나 마찬가지다.

진짜 중요한 이유는 따로 있다. 나무에 짚을 둘러주면 근처에 있는 해충이 '웬 호텔?'이라며 그 속으로 모여들어 겨울을 난다. 이른 봄, 그것들이 밖으로 나가기 전에 모아서 태우면 농약을 치지 않아도 손쉽게 많은 해충을 퇴치할 수 있다. 그러나 오늘 이야기의 초점은 나무의 추위 피하는 법이나 해충 예방이 아니다. 식물의 겨울나기 작전에 관해서다.

지난해 봄 경기도 과천시에서 갔을 때 봄볕이 따스해지자 때마침 가로수에서 볏짚을 벗겨내고 있었다. 버즘나무에는 줄사철나무가 올라가고 있었는데, 햇빛을 맞은 잎은 자줏빛인데 비해 볏짚 속에 감춰져 있던 잎은 싱싱한 녹색이었다. 줄사철 잎만 그런 것이 아니다. 겨울을 나는 잎들은 영산홍이나 냉이나 모두 색깔이 자줏빛으로 변한다. 한 곳에 있는 영산홍도 나무 그늘 밑은 녹색이지만 햇빛을 그대로 맞고 있는 부분은 하나같이 자줏빛으로 변해 있다. 이런 차이는 겨울 동안 식물이 살아남기 위한 전략에서 온다.

여름보다는 강도가 퍽 약하지만 겨울동안에도 잎은 자외선을 직격으로 맞고 있다. 자외선은 세포를 파괴한다. 그래서 식물들은 자줏빛 엽황소크산토필, xanthophyll나 단풍색의 주원료인 카로티노이드carotinoid를 만들어 자외선을 막는다. 사람으로 치면 눈을 보호하기 위해 선글라스를 쓰거나 선크림을 바르는 거나 다름없다.

날씨가 따뜻해져서 광합성을 할 수 있게 되면, 겨울 자외선을 막아주던 자줏빛 색소는 자연스레 사라진다. 그리고는 냉이나 회양목은 슬그머니 엽록소가 드러나 싱싱한 녹색으로 되돌아온다. 자외선이 무서워도 살아가기 위해 광합성을 해야 하기 때문이다. 식물의 지혜를 짐작할 수 있는 현상이다.

그런데 우리 아파트 정원에 자라는 회양목은 봄에 이상한 현상을 보였다. 가을에서 겨울로 접어들면서 가졌던 진갈색이 봄으로 들어서자 자연스럽게 녹색으로 바뀌었다. 그런데 한 부분은 여전히 겨울 모습을 버리지 않은 채 진갈색이었다. 이상하다 싶어 자세히 줄기를 들여다보니 누군가의 발길에 밟혀서 줄기가 찢어져 있었다. 생명을 잃은 줄기와 잎은 겨울의 그 모습을 그대로 지니고 있었다. 그 때문에 한 나무에서 한 겨울과 봄의 모습을 동시에 볼 수 있었다. 살아 있는 것들은 이렇게 좋거나 나쁘거나 언제나 변화를 거듭하고 있다.

베란다 식물학

같은 황새냉이인데도 한 겨울에는(위) 자외선을 막으려고 진한 자줏빛을 띠고 있다가,
봄이 되면 녹색으로 되돌아온다(아래).

식물이 장착한
강력한 화학무기 >>>

나무를 죽이는 독한 나무들

●　　　　　　　내가 소나무로 다가가자 칠순쯤 돼 보이는 영감이 사뭇
시비조다.

"왜 그리로 가는 거요?"

나는 카메라를 들어 보이면서 소나무를 찍으려 한다고 하자,

"찍을 만한 게 있소?"

"등나무가 소나무를 죽이고 있는 모습을 찍으려고요."

"등나무라뇨? 저건 능소화요. 그런데 어찌 그런 걸 다 아오?"

노인의 반박을 듣고 다가가 자세히 보니 능소화가 맞다. 3월이라 잎이
없어서 멀리서는 구별이 어려웠다. 등나무는 줄기 빛깔이 검고 빙빙 돌
면서 나무를 타고 올라가지만, 능소화는 줄기에 빨판이 있어서 그걸로
박고 곧장 꼭대기를 향해 올라간다. 어쨌거나 능소화가 타고 올라간 쪽
의 소나무 가지는 죽어 있다. 등나무나 능소화, 그리고 칡 모두 타고 오

르는 나무를 죽이기는 마찬가지다.

　소나무의 주인인 노인이 나무에 관해 꽤나 높은 안목을 가지고 있음에 새삼 놀랐다. 노인은 큰 나무가 집안에 있으면 불길하다는 풍수를 믿고 2층까지 내려다보고 있는 소나무를 매우 못마땅해 했다. 베어내고는 싶지만 잘못하다가는 집이나 담이 다칠까 걱정이었다. 그러다 어느 날 문득 '나무로 나무를 죽이는' 작전을 생각해냈단다. 게다가 노인은 여름철 만발하는 능소화 꽃을 사랑하기 때문에 '임도 보고 뽕도 따려는' 욕심에서 소나무 둥치에 능소화를 심었다. 예상대로 능소화는 타고 올라간 쪽의 소나무 가지를 죽이고 있었다. 앞으로 2~3년만 지나면 소나무는 죽고 말거라고 말한다.

　우리들은 마음의 평화를 찾으려고 숲속으로 들어간다. 숲은 한없이 평화스럽고 고요하다. 그러나 알고 보면 전쟁터와 같은 살육전이 365일, 24시간 벌어지고 있다.

　애국가 2절의 '남산 위의 저 소나무'를 보면 알 수 있다. 요즘 남산에는 정작 소나무가 별로 없다. 불과 50여 년 전, 내가 서울에서 고등학교에 다닐 때만 해도 남산에는 봄이면 진달래가 불타는 듯 피었고 '철갑을 두른' 소나무가 울창했다. 그런데 어느새 소나무와 진달래 자리에 참나무며 서어나무 같은 활엽수가 자라고 있다. 참나무와의 싸움에서 소나무가 밀린 것이다.

　다른 나무는 감히 넘볼 수 없을 만큼 척박한 땅에서도 소나무는 발을 붙인다. 소나무가 자라면서 낙엽을 떨어뜨려 흙을 기름지게 만들어 놓으면 슬그머니 날아온 활엽수 씨가 터를 잡고 자란다. 물론 가만히 있을 소나무가 아니다.

칡덩굴이 닿은 부분의 소나무 가지가 죽은 것은
칡잎에서 분비되는 독물질 때문이다.
시간이 지나감에 따라 칡덩굴은 영역을 더 넓히면서
소나무의 목줄을 천천히 조여들어간다.

울창한 솔밭은 말할 것도 없고, 아파트에 심겨진 몇 그루의 소나무 밑에서조차 다른 식물이 거의 자라지 못한다. 솔숲에서 나는 향긋한 향기의 주성분인 피톤치드Phytoncide, 러시아어로 phyton은 '죽이다', cide는 '식물'이라는 뜻이다는 사람에게는 삼림욕으로 사랑받지만, 다른 식물에게는 독이다. 이것이 다른 식물을 죽인다.

그러나 어쩌랴. 활엽수는 침엽수보다 잎이 더 넓은 만큼 광합성의 효율이 높다. 이 때문에 활엽수가 일단 터를 잡으면 훨씬 더 빨리 자라서 급기야 일조권을 몰수한다. 소나무만 독소를 내뿜는 것은 아니다. 어떤 식물이든 독을 내뿜는다. 우리가 즐겨먹는 배추도 독을 내뿜기는 마찬가지라 솎아주지 않으면 어린놈조차도 저희들끼리 뿜어내는 독성분 때문에 서로 자라지 못한다.

영역을 차지하면 할수록 햇빛과 양분, 수분을 더 많이 차지할 수 있어서 더 크게 자랄 수 있고, 자식을 더 많이 만들 수 있다. 반대로 영역을 침범당하면 번식은커녕 자신의 생존조차 위협받는다. 그래서 옆에서 거치적거리는 놈은 어릴 때 가차 없이 죽여야 한다. 이렇게 주변의 경쟁자를 물리치면 자신의 영역이 넓어지고 유리한 조건에서 자식들을 더 많이 만들어 낼 수 있다.

코알라가 좋아하는 유칼리나무나 호두나무는 소나무보다도 더 독한 분비물질을 만든다. 그것들 밑에는 아무 풀도 자라지 못한다. 호두나무가 주변 식물을 죽이는 성분은 잎에서 분비하는 주글론juglone이다. 이 성분은 나무 아래 자라는 식물의 이파리에 떨어져 독해를 주는 데 그치지 않고 빗물에 녹아 흙 속으로 들어가서는 뿌리를 죽이고 몸속으로 들어가 줄기조차 죽인다. 물론 그 나무 밑에서 새 생을 준비하는 저희들의 어린 싹조차도 주글론은 그냥 놓아두지를 않는다.

이렇게 식물들끼리도 동물과 다름없이 침묵 속에서 땅 위는 물론 땅 속에서까지 죽기 살기의 처절한 사투를 벌이고 있다.

혼자만 살려고 극성떠는 개망초

● 　　　6~7월에 우리 주변에서 가장 많이 피어 있는 꽃은 무엇일까? 단연 개망초다. 언제인지 온 식구들이 떠나버려 지붕이 무너져 내리고 담장은 비스듬히 누워서 을씨년스럽기 짝이 없는 농가 마당 가득히 하얗게 피어 있는 개망초 꽃. 냇둑과 버려둔 공터는 물론 밭에도 빽빽하게 들어차 하얗게 무리지어 핀다. 이름을 모른 채 이 꽃무리를 보면 "정말 아름답다!"는 탄성이 절로 나온다. 바람이 건듯 지날 때마다 실려 오는 향기도 싱그럽다.

이렇게 좋은 꽃에 왜 '망할 놈의 풀'이라는 뜻의 망초亡草라는 이름이 붙었을까? 두 가지 설이 있다. 우리나라 토종이 아니고 먼 북아메리카가 원산지인 이 풀은 일제가 이 땅을 착취하기 위해 들여온 철도침목에 붙어서 왔다고 한다. 그 뒤로 삽시간에 온 땅에 퍼지자, 나라가 '망할 징조'를 예언하는 풀이라고 해서 개망초라 불렀다고 한다. 심지어는 일본이 이 풀로 우리나라를 망하게 하려고 일부러 들여왔다는 그럴듯한 소문도 일제강점기에는 떠돌았다.

또 다른 주장은 워낙 번식력이 강한 풀이라 곡식을 망가뜨리는 '망한 풀'라고 해서 얻은 이름이라고도 한다. 다른 이름은 '계란꽃'인데 꽃의 중앙에 노른자 같은 샛노란 화심이 있기 때문이다.

　　　베란다 식물학

밤나무 밭을 차지해 버린 개망초. 망초류는 뿌리에서 독물질인 벤즈알데히드를 분비해 다른 풀을 죽이고 제 왕국을 만드는 극성스런 잡초다. 그렇지만 새순은 나물로 일품이고, 군락은 장마에 표토를 보호해 준다.

개망초의 속명은 에리게론Erigeron인데 에리는 '이른early', 게론은 '늙은 사람old man'이라는 뜻이다. 꽃도 하얗거니와 지고 나면 바로 씨에 늙은이의 머리털 같은 하얀 털이 나기 때문에 붙여진 이름이다. 한 포기에 6~8만 개나 맺히는 씨가 바람에 가볍게 날려 돌아다니기 때문에 삽시간에 멀리까지 퍼진다. 이렇게 멀리까지 날아간 수많은 개망초 씨는 공터건 아니건 내려앉는다. 평방미터당 3만 개의 싹이 나와 저희들끼리 싸워서 150개만 살아남아 자란다. 200대 1의 경쟁에서 이긴 놈이니 얼마나 강하겠는가. 씨가 흙에 닿으면 여름과 가을에 걸쳐서 싹이 나서 겨울을 난다.

식물의 세계는 양보라는 말이 있을 수 없다. 햇빛과 양분, 그리고 수분은 한정되어 있어 먼저 차지하지 못하면 죽는다. 그런 면에서 개망초만큼 극성스런 풀도 없다. 소나무는 잎과 줄기에서 분비해서 주변 식물을 죽이는 벤즈알데히드benzaldehyde라는 화학물질을 개망초는 뿌리에서 분비한다. 이 성분이 다른 식물의 뿌리에 닿으면 서서히 죽어간다. 이웃한 다른 잡초의 뿌리를 죽여 근원을 없애기 때문에 오직 저만 번성할 뿐이다. 그 때문에 6~7월의 개망초는 도시며 시골 할 것 없이 빈 터란 빈 터를 모두 점령하고 새하얀 꽃밭을 만들 수 있다.

그러나 어찌 개망초에게 단점만 있고 장점은 없겠는가? 어린 순은 산나물 못지않게 부드럽고 향기가 좋다. 그도 그럴 것이 개망초에는 프리베인오일fleabane oil이라는 달콤하고 풋내 나는 성분이 들어 있기 때문이다. 5월 한 달 개망초의 새 순을 딴다. 삶아서 물기를 꼭 짜 냉동고에 넣어 두면 두고두고 이웃과 나눠먹을 수 있다. 또한 여름 장마가 오기 전에 이미 꽃이 필 만큼 억척스럽게 자란 개망초 군락은 작달비로 깎이지

베란다 식물학

않도록 표토를 보호해주니 정말로 고맙다.

이에는 이, 풀에는 풀

●   농사는 풀과의 전쟁이다. 여기서 지면 농사는 망한다. 오뉴월, 잠깐 한눈을 팔면 풀이 밭을 온통 덮어버리고 만다. 제초제를 쓰면 가장 손쉽지만 친환경농법을 추구하는 농민들에게는 탐탁지 않은 방법이다.

이런 경우 풀로써 풀을 잡는 방법을 생각해볼 수 있다. 모든 식물이 가지고 있는 타감작용알레로파시, allelopathy을 이용하는 방법이다. 타감작용이란 식물이 자신이 살기 위해 독성물질타감작용물질을 퍼뜨려 주변 식물을 죽이거나 싹이 나오지 못하게 하는 것을 말한다. 소나무 밑에서 다른 식물들이 자라지 못하는 것은 소나무의 향기로운 냄새인 피톤치드가 다른 식물에게는 타감작용을 하기 때문이다.

일본에서는 과수원에서 제초제 대신 콩과 목초인 헤어리베치hairy vetch; Vicia villosa를 가꿔서 풀을 잡고 있다. 헤어리베치는 뿌리와 잎에서 강력한 타감작용물질을 분비해서 잡초가 발도 못 붙이게 할 뿐만 아니라, 공중질소를 고정하고 유기물을 만들어 땅을 비옥하게 만들어 준다. 그뿐만 아니라 겨울 동안 땅의 온도를 덜 떨어지게 하고, 빗물이 흙과 양분을 빼앗아가는 것을 막아주는 일석사조의 이점이 있다. 그래서 헤어리베치는 대표적인 녹비綠肥작물로 쓰인다.

나는 헤어리베치와 같은 콩과 목초인 알팔파도 그런 효과가 있는지 알고 싶어서 베란다에서 간단한 실험을 해보았다. 알팔파의 생잎과 줄기를

무와 배추 씨에 알팔파 즙액(사기 종지에 든 액체)을
뿌리기 직전(위)과 한 화분에만 뿌린 후의 사진(아래). 즙액의
타감작용 피해를 입은 배추는 싹이 트지 못했다(아래 오른쪽 화분).

분마기로 갈아서 즙을 배추와 무 씨 위에 뿌렸다. 그 결과 놀랍게도 알팔파 즙이 닿은 씨는 싹이 아예 못 나오거나 늦게야 겨우 나온 것도 온전하지 못하거나 기형으로 나왔다. 실제로 알레로파시를 이용해서 생즙 제초제를 만들어 쓰는 곳도 있다. 뉴질랜드에서는 솔잎을 추출해서 천연제초제를 만들어 유기농산물 생산에 이용하고 있다. 생즙만 그런 성질이 있는 것이 아니라 마른 잎과 줄기도 같은 효과가 있다. 귀리나 밀을 겨울 동안 갈았다가 이듬해 봄에 베어 덮어 놓으면 잡초가 나오지 못한다. 호밀이나 보릿짚도 잡초를 억제하는 타감물질을 분비하고 있기 때문이다.

우리나라에서도 미리 귀리를 심었다 베어 넣으면 옥수수 밭의 잡초를 현저히 억제한다는 연구결과가 나왔다. 가을에 호밀, 밀, 알팔파, 자운영 등을 파종해서 잡초도 막고 흙에 유기물을 보태주는 방법을 쓰면 농사에 도움이 크다. 이렇게 하면 공기 중의 이산화탄소를 줄여 지구온난화도 막을 수 있다.

건드리면 혼쭐내는 쐐기풀

몇 해 전 여름, 경남 하동의 쌍계사를 다녀온 적이 있다. 버스에서 내려 일주문까지 한참을 걸어 올라가다 보니 제법 땀이 흘렀다. 한 여름철에 걷기에는 제법 먼 길이었다. 절 주변 울창한 숲에서는 매미소리가 쏟아져 나와서 계곡을 메웠다. 절 앞에서 땀을 식히려고 낮은 돌담에 걸터앉아서 물소리가 시원한 계곡을 내려다보았다. 거기에는 어떤 식물이 군락을 이루고 아름답게 자라고 있다. 호기심에 다가가 무슨 식물일까 살펴보았다. 흔히 보지 못하는 식물이었다. 잎을 만지는 순간 엄청난 통증이 엄지손가락에 전해 왔다. 쐐기가 있던 모양이다. 나는 어딘가 숨어 있을 쐐기를 찾으려고 조심스럽게 이파리를 뒤적여 보았지만 어디에도 없다. 그제야 문득 이 식물이 '쐐기풀'이라는 것을 깨달았다.

쐐기풀이 우리나라에서는 흔한 식물이 아니라 특별한 경험이라고 생각했다. 그런데 이런 어리석은 실수를 튀니지에서 한 번 더 겪었다. 카르타고 유적을 돌아볼 때였는데, 열매를 많이 달고 있는 루스커스Ruscus 군락을 발견했다. 이 식물은 매우 독특해서 잎의 한가운데에서 꽃이 피고 그 자리에서 팥알 크기의 앙증맞은 빨간 열매가 달린다. 잎 모양으로 변한 줄기에 열매가 달리는 식물로, 우리나라에는 없다. '루스커스의 문익점'이 되고 싶어서 종자를 따려고 손을 뻗자 엄청난 통증이 손가락에 전해왔다. 쪼그리고 앉은 엉덩이며 장딴지에도 같은 순간에 통증이 전해왔다. 쐐기풀 군락이 루스커스를 보호하려고 하는 것처럼 주변을 온통 둘러싸고 있는 게 아닌가?

쐐기풀을 잘 보면 잎은 물론이고 줄기까지 독침이 촘촘히 나 있다. 해충이나 동물로부터의 공격을 막기 위해 표피세포가 털로 변하고, 다시 털이 유리질의 날카로운 바늘로 진화하고 게다가 바늘 안에 따가운 액체까지 품고 있다.

안데르센의 동화 「백조왕자」에서 나오는 풀이 바로 쐐기풀이다. 계모인 왕비는 전 왕비 소생인 11명의 왕자에게 마법을 걸어 백조로 만든다. 어느 날, 마법에 걸리지 않은 엘리자 공주의 꿈속에 요정이 나타나 쐐기풀로 오빠들의 옷을 짜 입히면 마법이 풀린다고 일러준다. 공주는 남편인 왕 몰래 한밤중에 무덤가에 나가서 수없이 찔리고 쏘이면서(당시에는

쐐기풀에는 개미산으로 가득한 독침이 빼곡히 돋아 있어 건드리면 쐐기에 쏘인다(위).
잎의 한가운데에서 꽃이 피고 앙증맞은 빨간 열매가 달리는데 잎 모양은 줄기가 변한 것,
우리나라에는 없는 루스커스(아래).

고무장갑이 없었으니까) 쐐기풀을 뜯어다 오빠들의 옷을 만들어 입혀 결국은 마법을 푼다는 해피엔딩 스토리다. 어쩌면 안데르센은 마법에 걸린 것 같은 어려운 국면을 벗어나려면 본인이나 누군가의 엄청난 희생이 필요하다는 점을 시사한 것 같기도 하다.

실제로 쐐기풀의 줄기 섬유는 아주 길고 촉감도 좋아서 영국과 안데르센의 나라 덴마크 같은 북유럽지역에서는 고급 옷을 만들어 입었다.

쐐기풀의 속명은 우르티카_Urtica_인데 라틴어로 '불태우다, 따끔따끔하다'라는 의미를 지니고 있다. 잎을 건드리기만 하면 독침이 꺾여 피부에 꽂히면서 그 안에 가득 차 있는 개미산蟻酸이 순간적으로 몸속으로 쏟아져 들어간다. 마치 불에 덴 것 같고 쐐기에 쏘인 것처럼 아프다. 그래서 붙여진 이름이다. 토끼가 멋도 모르고 먹으면 주둥이가 퉁퉁 부어오르고 만다. 이런 불상사를 막기 위해 초식동물은 어미가 새끼에게 교육을 시킨다. 그리고 이런 정보가 아예 유전자에 각인되어 있기도 하다. 그때문에 초식동물은 독침이 없는 비슷한 다른 쐐기풀과의 식물마저 지레 겁을 먹고 피한다.

유럽의 목초지에서는 번져가는 독침 없는 쐐기풀과 식물들 때문에 골치를 썩고 있다. 내가 2년 동안 살았던 네덜란드에서도 너른 목초 밭을 차지하고 사는 이놈들이 듬성듬성 무리로 자리 잡고 번성하고 있다. 이놈들은 한 번 자리를 잡으면 매년 뿌리에서 다시 싹이 올라오는 영년생이라 농민들에게는 이만저만 골칫거리가 아니다.

베란다 식물학

독소의
착한 활용법 >>>

미루나무는 살아 있는 아스피린

옛날 사람들은 열이 나거나 아프면 무엇을 먹었을까? 요즘 사람들이 아스피린을 먹듯이 미국 인디언은 미루나무나 버드나무(이 둘은 버드나무과로 사촌이다)를 삶아 먹었다. 옛날 사람들은 버드나무의 눈을 따서 거기에 기름을 붓고 약한 불에 천천히 고아서 고약을 만들었다. 이 고약은 열을 내리고, 눈이 따갑거나 목구멍이 아플 때, 치통, 두통, 관절염, 감기, 물린 데, 다친 데 두루두루 썼다.

이런 효과를 내는 성분은 살리실산salicylic acid이다. 살리실산이라는 이름은 이 성분이 많은 버드나무의 학명 살릭스Salix에서 왔다. 다른 식물들도 살리실산을 만들지만 그 중에 대표적인 식물이 버드나무와 미루나무다. 어떤 종의 미루나무 마른 껍질에는 살리실산이 무려 11% 이상 함유되어 있다.

식물은 왜 살리실산을 만드는 것일까? 이 성분은 자신을 갉아먹는 해충들에게는 소화를 방해하고 병균에 대해서는 살균력이 있는 대항물질이다. 동시에 이 독물질은 이웃의 친구들에게 병이나 해충의 공격을 알려주는 신호탄이자 식물 자신의 진통제이기도 하다. 높이가 60m나 자라는 버드나무도 해충이 덤비지 못하게 이 성분을 많이 만들어 미리 대비하고 있다.

아스피린(살리실산과 같은 성분의 합성물질)을 물에 녹여 담배, 오이, 감자 등에 뿌려주면 이웃한 식물들은 '이크! 병균이 침입했구나' 하고 성한 것들도 살리실산을 만들어 방어 태세로 들어간다. 그 결과 저항성이 높아진다. 꽃병에 아스피린 한 알을 떨어뜨려 주면 꽃의 수명이 훨씬 길어지는데, 아스피린의 직접적인 효과에 꽃 자신이 체내에 병균 침입을 막기 위해 만든 살리실산 덕이다.

지금으로부터 2천 5백여 년 전 의학의 아버지라고 불리는 히포크라테스Hippocrates는, 산모의 산통을 줄이고 열을 내리기 위해 버드나무 껍질을 삶아 먹었다. 그 전부터 전해 내려오는 이 민간요법은 효과는 좋지만 만들기가 귀찮았다.

1899년 독일의 바이엘회사가 아스피린을 처음 만들기 전까지 사람들은 필요할 때마다 버드나무나 미루나무를 직접 삶아서 먹을 수밖에 없었다. 당시 바이엘은 합성염료 회사였는데 경쟁에 뒤져 망해가던 참이었다. 그러던 중 뒤스베르크Duisberg라는 화학자가 각고의 노력 끝에 합성 살리실산인 아스피린, 말하자면 인공 살리실산을 시장에 내놓았다. 아스피린 한 가지로 바이엘은 일약 세계 제일의 제약회사가 되었다. 그 후 아스피린은 지금까지도 세계에서 가장 많이 팔리는 명약이 되었다.

이렇게 우리에게 밥도 주고, 좋은 공기도 주고, 약까지 주는 식물, 이

아스피린을 만드는 미루나무 잎, 아스피린이 나오기 전
옛날 사람들은 열이 나면 미루나무나 버드나무를 삶아 먹었다.

들은 인간이 아직까지도 알아내지 못한 무수한 비밀과 가능성을 지닌 채 우리 곁에 살고 있다.

주목의 파란만장 인생스토리

● 맹독성인 식물들을 보노라면 어려서 읽은 동화 속에 나오는 꾀 많은 당나귀가 떠올라 저절로 웃음이 나온다. 다 아는 얘기지만, 당나귀는 소금을 실어 날랐는데, 어느 날 내를 건너다 미끄러져 그만 물에 넘어지고 말았다. 그러자 소금을 지고 있던 등이 가벼워졌다. 재미가 들린 당나귀는 주인이 솜을 실은 줄도 모르고 일부러 물에서 넘어졌다가 엄청난 대가를 치른다.

우리가 약으로 쓰는 지황이나 당귀 같은 약초는 자신을 지키기 위해 독 물질을 만든다. 그러나 인간이 도리어 그 성분을 약으로 쓰려고 마구 캐내는 바람에 '꾀 많은 당나귀'가 되어 수난을 겪었다.

독 물질을 만드는 식물 중에 대표적인 것이 주목이다. 주목은 짙푸른 잎과 빨간 열매가 아름다운데다, 워낙 독성이 강해서 벌레가 덤비지 못해 정원수로 인기가 높다. 옛날에는 전쟁 때 잎과 씨에서 빼낸 독을 화살촉에 발라 쓰기도 했다. 이 때문에 주목의 속명*Taxus*이 '독화살'이란 뜻의 라틴어 'taxus'에서 왔을 정도다. 주목의 독성에 관한 에피소드는 또 있다. 중세 포르투갈에서는 포도주를 마시고 죽는 사람이 생겼다. 이 포도주를 조사해 보니 술통으로 오크참나무통 대신 쓴 주목 나무통을 썼는데, 사인이 이 술통에서 우러나온 독 때문인 것으로 밝혀졌다. 게다가 가축이 잎을 뜯어먹고 죽는 일이 발생하자 주목은 닥치는 대로 찍혀

주목은 독성분 때문에 한때 수난을 겪었지만,
아름다운 자태와 함께 암 치료제로 인정받아
이제는 인간이 알아서 가꿔주고 자손도 퍼뜨려주고 있다.

나갔다.

그 후 독성 성분인 탁솔taxol이 암 치료에 좋다는 연구결과가 나오자 이번에는 약으로 쓰려고 마구 잘라내는 통에 재차 수난을 겪었다. 1988년 유럽에서는 2kg의 탁솔을 얻기 위해 주목 1만 2천 그루가 벌채되는, 주목에게는 기가 막힌 대참사가 일어나기도 했다. 주목의 입장에서는 억울하기 짝이 없는 일이었다. 주목을 대량으로 구하기 어려워지자 값이 뛰었고 이탈리아는 1천 헥타르에 이르는 주목 밭을 만들었고, 유럽연합은 휴경지에 주목을 재배하도록 권장했다. 한동안 대접을 잘 받았다.

그러나 요즘 탁솔을 얻기 위해 주목을 재배하지는 않는다. 최근에는 세포조직배양기술이 발전하여 탁솔 화합물의 무한정 생산이 가능해졌으니 주목을 베어낼 이유가 없어졌다. 이제야말로 주목은 본래의 아름다운 자태를 뽐내며 정원에 서서 인간의 귀염을 독차지할 수 있게 되었다. 주목에게는 진정한 태평성대가 온 것이다.

주목뿐만 아니라 인간이 필요로 하는 모든 식물들은 이제 자신이 자손을 퍼트리려고 안달할 필요가 없어졌다. 인간이 알아서 잘 길러주고 번식도 시켜주기 때문이다. 그런 면에서 식물 쪽에서 보면 인간이야말로 주인의 말을 잘 듣는 당나귀 같은 존재일 것 같다.

절벽의 소나무가 살아가는 법

흙 한 줌도 없는 절벽 바위틈에서 사는 소나무는 무얼 어떻게 먹고 살기에 사계절을 독야청청 푸르게 서 있을까? 흙이 없어 양분이 부족할 텐데 이슬과 빗물만 마시고 살 수 있는 걸까?

베란다 식물학

요즘은 사기나 플라스틱 화분을 사용하지만 20여 년 전만해도 흙으로 구워 만든 붉은 색 토분밖에 없었다. 그 당시 내 연구실 창가에는 가시가 촘촘히 난 '손바닥선인장'이 토분에 심겨져 있었다. 손바닥 같이 넓적하게 생겼다고 그렇게 부르는데 요즘은 백년초라고 불리며 건강식품으로 인기가 높다.

선인장은 그 화분에서 적어도 5년 넘게 살고 있었다. 어느 날 화분을 주의 깊게 들여다보니 오둠지테두리가 삭아서 부슬부슬 떨어져 내렸다. 슬쩍 건드리니 바싹 마른 빵조각처럼 부스러졌다. 왜 그럴까? 한참 생각해 보다가 무릎을 쳤다. 선인장이 분비하는 화학물질, 정확히 말하자면 강한 산성물질인 염산으로 인해 토분이 삭은 것이다.

선인장이 사는 환경은 극한의 상황이다. 극도로 덥고, 극도로 건조하고, 극도로 양분이 적은 모래에 뿌리를 박고 살고 있다. 물을 잃지 않으려고 잎이 가시로 변했다. 몇 달씩 가뭄이 계속되면 몸은 마른 대추같이 쪼글쪼글하다. 어쩌다 비가 내리면 즉시 모든 조직을 스펀지처럼 부풀리면서 물을 저장해 놓는다. 물은 그렇게 해결한다지만 문제는 양분이다. 모래에는 거의 양분이 없다. 다만 풍화되어 고운 가루가 되어야 적은 양의 양분이 빠져나올 수 있다. 그런 모래 속에서 살아야 하기 때문에 선인장은 일반 식물과는 달리 손바닥 모양의 줄기에서 강산强酸인 염산을 안개 같이 분비한다. 강산은 모래를 녹인다. 이와 함께 땅속의 뿌리에서도 강산을 분비한다. 그렇게 해서 모래 속의 각종 양분을 빨아먹고 큰다.

뿌리에서 강산을 분비하는 것은 선인장과 소나무뿐만 아니라 식물이면 다 한다. 그럼 염산처럼 강한 산을 뿌리는 어떻게 만드나?

식물은 먹고 빨아들인 양만큼 똥오줌을 배설한다. 다행스런 것은 이것들의 똥오줌은 냄새가 없다는 점이다. 뿌리 주변에 산도에 따라 색깔이 변하는 지시약指示藥을 뿌리면 붉게 변한다. 리트머스 시험지처럼 붉게 변하면 산성이다. 이 현상을 통해서 뿌리가 분비하는 즉 식물의 똥오줌은 산이라는 것을 알 수 있다. 작물을 가꾸다 보면 흙이 산성화되는데 바로 식물 배설물의 주성분이 수소 때문이다. 식물은 무얼 먹든지 싸는 배설물은 수소이온이다. 그래서 농사를 지으면 흙이 산성화되기 마련이고 그 때문에 매년 석회로 흙을 중화해 주어야 하는 이유가 여기에 있다.

바위나 모래를 산으로 녹이면 인, 칼륨, 칼슘, 마그네슘, 그리고 각종 미량요소까지 나온다. 그러나 식물이 자라는데 가장 필요한 질소, 이 성분만은 바위 속에 없다. 질소가 없으면 다른 성분이 모두 충분해도 자라지 못할 정도로 중요한 성분이다.

그래도 소나무가 크는 것은 번개가 칠 때 공기 중의 질소가스N_2가 질산태질소NO_3로 산화되어 빗물에 녹아 들어간 때문이다. 말하자면 빗물이 질소비료인 셈이다. 이렇게 해서 지구에 공급되는 질소의 양은 일 년에 10억 톤으로 추정된다. 이 양은 지구상의 모든 질소공장에서 일 년 동안 만드는 질소비료의 10배나 된다. 그럼에도 불구하고 실제로 논과 밭에 떨어지는 빗물 속 질소는 아주 조금이다. 그래도 산과 들의 식물들에게 빗물은 엄마의 젖과 같은 존재다.

소나무는 이렇게 자력으로 바위를 녹이고 축복처럼 질소가 들어 있는 빗물을 마시고서 자란다. 자라면서 굵어진 뿌리는 엄청난 압력으로 바위틈을 더 벌려 놓고 틈이 클수록 더 많은 빗물이 저장된다. 뿌리가 점

바위틈 소나무는 뿌리에서 강산을 분비해서
바위를 녹여 양분을 얻는다.

점 커나가면서 더 많이 바위를 녹이고 틈을 더 많이 벌려 놓는다. 그래서 키가 크고 잎이 많아져도 살아나갈 수 있다.

소나무는 뿌리가 뻗는 만큼만 자랄 뿐, 먼저 크고 나서 뿌리가 뻗는 것이 아니다. 말하자면 수입이 있고 나서야 지출하는 것이다. 아무리 가물어도 수백 년 동안 죽지 않고 바위틈에서 살면서 낙락장송이 될 수 있는 것은 소나무의 이런 작전 때문이다. 이러한 소나무의 느림과 신중함을 우리 생활에 적용한다면 더 풍족하고 행복하게 살 수 있지 않을까.

베란다 식물학

미모사

🌡 _ 15℃ 이상
💧 _ 2~3일에 한 번, 여름에는 1~2일에 한 번(충분한 관수)
🌱 _ 4~5월
🌷 _ 6~9월

움직이는 식물로 잘 알려진 미모사. 미모사는 이름만큼 예쁜 4장의 깃꼴겹잎을 자극하면 잎이 순서대로 포개진다. 이는 자극으로 식물체 내의 수분이동에 따른 수축현상 때문. 관상용 외에 장염, 위염, 신경쇠약으로 인한 불면증 등에도 쓰이는 약용식물이다. 병충해의 피해는 거의 없어 관리하기 편하지만, 햇빛을 못 받으면 잎이 갈색으로 변해 떨어지는 것이 약점이다. 미모사는 뿌리가 많이 자라지 않아 분갈이를 오래 안 해도 잘 자란다. 건드리면 잎이 반응하는 것이 신기하다고 자꾸 자극하면 시들 수도 있으니 유의하자.

✿ 미모사 전설

옛날, 미모사라는 공주가 있었다. 공주는 자신의 외모, 교양, 재능이 몹시 뛰어나다고 생각하며 늘 거만했다. 어느 날, 정원을 거닐던 공주는 미소년(이 소년은 인간의 형상을 한 신, 아폴론)과 아홉 여인이 하프를 켜며 노래하는 모습을 보았다. 여인들의 빼어난 미모, 하프의 고운 음색은 거만한 미모사를 초라하게 만들었고 부끄러움을 못 이긴 미모사는 한 포기 풀이 됐다. 그 풀은 누가 건드리면 움츠리는 습관을 갖게 되었다는 전설이 전해진다.

CHAPTER. FIVE + +

식물에게도 근육이 있고 식물도 사람처럼 뼈의 역할을 하는 것이 존재한다. 냄새를 맡는 식물이 있다는 것과 식물도 음악을 즐길 줄 안다는 건 공공연한 사실이지만 알면 알수록 신기하다. 많은 사람들은 식물이 움직이지 못하고 주위에 반응하지 못한다는 이유로 불능이라고 단정하지만 사실 식물은 가능한 것이 훨씬 더 많다. 우리의 상상을 뛰어넘는 식물의 능력, 과연 어디까지일까?

Chapter 5. 식물의 능력

우습게 본
나무에
눈 걸린다

미처 몰랐던
식물의 본색 〉〉〉

개망초는 근육맨

지긋지긋한 잡초, 망초에게 장마와 삼복은 그들의 세상
이다. 퍼붓는 장대비에 견딜 만한 잡초가 그렇게 많지는 않다. 그렇다고
망초에게 눈을 흘긴다면 안 될 일이다. 망초가 없었더라면? 매년 우리는
엄청난 흙을 장맛비에 잃을 것이다. 망초와 개망초는 장마 전에 빈터란
빈터를 온통 다 덮어 준다. 그뿐이랴. 꽃다운 꽃이 없는 여름철에 하얀
꽃으로 들판을 가득 채워준다. 향기는 또 얼마나 향토색 짙은가. 시인은
개망초를 이렇게 노래한다.

… 바람결을 따라 / 흔들거리는 개망초 꽃이 / 소금을 뿌린 듯 펴져들어 / 묵
정밭을 수놓고 …
— 남기옥의 「묵정밭에 핀 개망초 꽃」 일부

개망초는 망초 중에서는 꽃도 예쁘고 향기도 좋다. 원래 북미 필라델

피아 지역의 야생화로, 우리나라에 처음 들어왔을 때는 꽃과 향기로 해서 꽃집에서 대접을 받았다고 한다. 하지만 한 그루에서 씨가 최고 82만 개나 맺힐 정도로 번식력이 좋아서 그만 천덕꾸러기가 되고 말았다. 이렇게 버려진 개망초는 들로 나가 온통 제 세상을 만들었다.

개망초는 아침에 꽃과 입을 열고 저녁때가 되면 닫는다. 잎과 꽃을 여닫는 것은 꽃자루와 잎자루에 있는 기동세포motor cell에 물이 드나듦에 의한 것이다. 여기에 가세하는 것이 세포 속의 근육이다.

식물에도 근육이 있다고? 물론 식물도 근육이 있다. 현미경으로 세포 속을 들여다보면 발도 손도 없는 세포질이 소용돌이를 치면서 한 방향으로만 흐른다. 실제로 세포질은 24시간 가동되는 화학공장이다. 낮에는 광합성 작용을 해서 포도당을 만들고, 밤에는 이것으로 자당을 만들어 뿌리로 보낸다. 이것 말고도 동물에서 일어나는 화학작용이 식물세포에서도 거의 다 진행된다. 그렇게 하기 위해서 세포질은 시속 5~70m로 천천히 흐른다. 지독히 느린 속도다. 이렇게 세포질을 흐르게 하는 것은 세포벽의 근육이다.

1774년 이탈리아 볼로냐대학의 식물학 교수인 콜티Corti는 현미경으로 목이버섯의 세포를 들여다보고 나서 "동물과 혼동되었다"고 실토했다.

1952년 미국 펜실베이니아대학의 대학원생이었던 뢰비Ariel Loewy가 드디어 식물 세포질을 움직이는 성분을 알아냈다. 동물세포의 근육 단백질 성분인 액틴actin과 미오신myosin을 식물에서도 분석해낸 것이다. 이 두 성분이 결합해서 액토미오신actomyosin을 만들어 동물 근육처럼 수축과 이완을 한다는 사실을 밝혀냈다.

작디작은 개망초 꽃잎도 닫힐 때는 근육을 써서 안쪽으로 동그랗게

이른 아침(위, 오전 6:11) 개망초는 잎과 꽃봉오리가 닫혀 있지만, 해가 뜨면서
활짝 열린다(아래, 오후 3:15). 꽃잎 한 장을 만드는 수백 개의 세포가 한 방향으로
각각 각도를 달리해서 여닫는 것은 세포 내 근육이 일사불란하게 움직이기 때문이다.

말린다. 수백 개의 세포가 각도를 조금씩 달리해서 일사불란하게 안쪽 방향으로 달히게 한다. 마치 백남준의 비디오아트 쇼에서 수많은 개개의 TV화면이 모여 한 장면을 보여주는 것과 같다.

식물도 사람처럼 뼈가 있어요!

"식물도 뼈가 있어요"라고 말하면 사람들은 무슨 정신 나간 소리냐고 비웃는다.

"나물을 수십 년 먹었지만 뼈를 발라낸 적은 한 번도 없었어요"라고 핀잔한다.

나는 또 묻는다.

"뼈가 없다면 어떻게 식물이 서 있겠어요?"

"글쎄요" 뒷머리를 긁적인다.

인간의 뼈는 총 206개라고 한다. 뼈의 주성분은 칼슘이고 부성분으로 인이 들어 있다.

영국에서 사람의 뼈를 비료로 쓴 적이 있다. 영국의 셰필드에서는 칼을 만드는 제조업이 번성했다. 뼈나 뿔로 칼자루를 만들고 남은 뼈 부스러기를 내다버린 곳에서는 유난히 잡초가 잘 자랐다. 뼈가 식물을 잘 자라게 한다는 사실이 알려지자 너도나도 칼 공장의 뼛가루를 경쟁적으로 가져다 비료로 사용했고 효과를 보았다. 그러자 공장에서 나오는 뼈로는 모자랐다. 급기야 전투에서 죽은 군인의 뼈까지 쓰기에 이르렀다. 물론 비난이 거세져서 오래가지는 못했다. 중국에서도 모택동 시대에 연고가 없는 분묘를 모두 파서 비료로 쓴 적이 있다.

사람들은 식물이 뼈나 퇴비분자상태를 바로 먹는다고 믿었다. 독일의 식물영양학자 리비히Justus Von Liebig가 1840년 식물은 뼈나 퇴비가 질소, 인산, 칼륨 같은 무기영양분이온상태으로 분해되고 나서야 먹을 수 있다는 '무기영양설'을 주장했다. 물론 그의 주장은 지금도 진리로 통한다.

1843년 로스와 길버트Lawes & Gilbert가 뼈와 같은 성분인 과린산석회 비료를 만든 이후 지금도 쓰고 있다. 그렇다고 식물이 과린산석회를 먹고 뼈를 만드는 것은 전혀 아니다.

식물은 동물 것과 꼭 같은 뼈는 없다. 대신에 뼈 역할을 하는 게 두 가지가 있다. 하나는 물이고, 다른 하나는 동물에게는 없는 세포벽이다. 축 늘어진 화초에 물을 주면 다시 일어선다. 물은 세포를 팽팽하게 만든다.

우리 아파트 정원의 맥문동을 보면 겨울로 접어들면서 잎이 모두 땅 위에 눕는다. 물이 있으면 세포가 얼어 터져 죽기 때문에 가을이 되면 세포 속의 물을 모두 밖으로 내보낸다. 물이 빠져나가면 팽팽하던 세포는 바람 빠진 풍선처럼 주저 앉아버리고, 이렇게 모든 세포가 홀쭉해지면 잎은 땅 위에 눕는다. 이렇게 땅에 붙어 있으면 땅의 온기를 받을 수 있고, 겨울의 찬바람에 덜 시달리고, 눈이 오면 이불을 덮은 것처럼 포근하다. 봄이 되어 물이 올라와 세포를 채우면, 누울 때의 역순으로 공기가 꺼진 타이어를 세우듯이 물은 잎을 일으켜 세우는 뼈 역할을 한다.

식물에게 또 하나의 뼈는 '셀룰로오스'다. '뼈 박힌 무'를 씹은 경험이 있을 것이다. 이게 바로 셀룰로오스다. 세포벽의 섬유세포가 발달한 때문인데, 보통의 식물들은 세포벽의 섬유가 진짜 뼈 역할을 한다. 나무가 딱딱한 것도 이 세포벽이 유난히 발달한 때문이다. 세포벽은 탄수화물인 셀룰로오스가 주성분이다. 여기에 사람의 뼈처럼 칼슘이 많으면 세

맥문동은 겨울 동안 세포에서 물이 빠져나가 납작하게 누워 있다(위, 2009년 3월 12일 촬영)
봄이 되어 물이 들어가면 다시 빳빳하게 일어선다(아래, 2009년 4월 27일 촬영).

포벽은 더욱 단단해져 해충이 덜 덤빈다.

농사에서 칼슘이 주성분인 석회비료(논에는 규산비료)를 주면 세포벽이 딱딱하게 변해 해충이 감히 주둥이를 박지 못한다. 석회를 주면 작물이 넘어지지 않고 튼튼하게 잘 자라는 이유가 여기에 있다. 반대로 질소비료를 주면 식물은 빨리 크고 세포벽은 약해져 약한 바람에도 쉽게 쓰러진다. 셀룰로오스가 충분히 만들어지기 전에 또 다른 세포가 만들어지기 때문이다.

인간사에도 내부를 다 채우고 다지기 전에 서둘러 다시 시작하면 탈이 나는 것과 다르지 않다.

조심해, 식물도 냄새를 맡는다고

"식물도 냄새를 맡을 수 있을까요?"
"코가 없는 식물이 어떻게 냄새를 맡을 수 있나요?"
백이면 백, 사람들 모두 이렇게 반문할 것 같다.

식물이 왜 코가 없단 말인가? 살아 있는 것은 어떤 것이나 숨을 쉬어야 살 수 있는데 말이다. 식물은 이파리의 앞뒤에 코의 역할을 하는 숨구멍이 있다. 사과 잎 $1cm^2$에는 숨구멍이 무려 3만 개, 어떤 식물이나 1만~8만 개나 있다. 이곳으로 숨을 쉬고, 여기로 물과 양분이 드나들며, 심지어 이곳을 통해 똥과 오줌, 즉 노폐물을 배설한다. 믿기 어렵겠지만 식물은 이곳을 통해 냄새도 맡는다. 이런 사실은 세계적인 과학잡지 '사이언티픽 아메리칸'에 수차례나 발표되었다.

식물이 냄새를 맡을 수 있다는 사실을 알 수 있는 것은 병균이나 해충의 공격을 받을 때이다. 옥수수 밭 한 귀퉁이에 골치 아픈 해충 조명 나방의 애벌레를 풀어놓는다. 공격을 받는 옥수수가 에틸렌가스를 내뿜는다. 이 냄새를 맡은 옥수수 친구들은 잎에 자스몬산jasmonic acid과 타닌을 분비한다. 이 성분이 마치 돌을 던진 호수에서 파문이 일 듯 점점 전방으로 퍼져나간다. 이 소식은 1분에 반경 24m 안에 있는 모든 친구들에게 전해진다. 자스몬산이나 타닌 성분은 맛도 없으려니와 이것을 먹은 해충은 소화불량에 걸린다. 이번에는 농약을 뿌린다. 벌레가 죽어가면 이 성분은 파문이 잦아들 듯 퍼져나갔던 반대 방향에서부터 사라져간다.

모든 식물이 냄새를 맡지만 대표적인 식물은 단연 새삼이다. 새삼은 식물이지만 잎은 길이 2mm로 마치 비늘같이 줄기에 붙어 있다. 물론 광합성을 하지만 워낙 미미해서 그걸로 사는 것은 아니다. 줄기에서 뻗어 나온 빨판흡기을 다른 식물 몸에 박아 양분을 빼앗아 먹고 산다. 말하자면 '기생식물'이다.

새삼 씨는 2mm 정도로 아주 작아서 씨젖이 매우 빈약해 싹이 나온 후 15일 안에 녹색식물에 닿지 못하면 죽는다. 때문에 필사적으로 어디에 식물이 있는지 킁킁 냄새를 맡는다.

우리 동네에서도 실새삼을 자주 볼 수 있다. 재미있는 현상은 이것들이 주로 새콩이나 여우팥 같은 콩과식물에 더 잘 덤빈다는 사실이다. 이들 콩과잡초들이 한창 자라고 있는 6월 하순경이면 어느새 실새삼 덩굴이 새콩과 여우팥을 덮기 시작한다. 그 많은 잡초 중에 콩과잡초처럼 영양가 높은 것은 없다. 이들은 공중에 있는 질소를 뿌리에 있는 뿌리혹으로 고정해서 단백질을 만들기 때문이다. 그래서 콩과잡초는 이를테면 마블링이 잘 되어 있는 한우 고기와 같다고나 할까. 그리고 새삼은 냄새로 한우인지 수입육인지를 분간할 수 있는 것 같다.

미국 펜실베이니아주립대학의 런용Runyon 교수 팀은 이런 실험을 했다. 새삼 씨를 뿌리고 주변에 토마토와 밀을 심어 놓았다. 새삼 싹은 나오자마자 토마토 쪽으로 갔다. 즉 토마토로부터는 새삼에게 매력적인 여러 종류의 냄새가 나는 반면 밀에서는 싫어하는 냄새만 나는 까닭이다. 실제로 영양가(질소 성분)면에서도 토마토가 밀보다 높다. 연구자들은 이 현상을 통해 '새삼은 식물에서 발산되는 휘발성 물질로 희생물을 안다'고 사이언스지(2006년 9월 29일)에 발표했다. 새삼의 흡기가 기주식물에 닿아 양분을 빼앗아 먹을 수 있다고 판단하면 기주의 양분과 수분 통로에 흡기를 박는다. 그러면 흙에 내렸던 뿌리는 슬그머니 말라 죽는다.

새삼류는 골치를 썩이는 잡초 중의 하나다. 한 그루에서 만들어지는 씨가 수천, 수만 개나 되고, 50년 묵은 종자도 황산 처리하면 싹이 날 정도로 흙 속에서 죽지 않은 채 살아날 날을 기다리고 있다. 이 때문에 씨가 맺기 전에 새삼과 함께 기주식물까지 지상부를 모두 없애야 한다. 기주의 줄기 속에 남은 빨판 조각에서 싹이 돋아 나와서 불사조처럼 새 새삼들이 자라나기 때문이다.

그래도 나는 이 잡초가 잘 자라면 얼마나 아름다운지를 아프리카의 르완다에서 보았다. 황톳길에 먼지를 일으키고 달리고 있는데 저 멀리서 노란색의 어떤 식물이 부겐베리아를 지붕처럼 덮고 자라고 있다. 차를 세워 놓고 보니 새삼이 아닌가. 그것도 아름다운 화초였다. 나는 화초인 새삼 사진을 찍는 행운을 누렸다.

어쨌든 새삼 씨는 보름 안에 생사의 결판을 내야만 한다. 그 안에 기

아프리카 르완다에서 본 새삼은 기주인 부겐베리아를
온통 덮고 무성하게 자라고 있었다. 한 그루의 실새삼은
수천, 수만 개의 씨를 만들고 죽는다.

주식물에 닿지 못하면 배젖에 저장된 양분을 소진해 생을 마감해야 한다. 냄새의 발원지인 기주식물을 향해 뻗어가는 덩굴의 의지는, 마치 연안의 불빛을 향해 나무 조각에 의지해 밀고 가는 조난자의 심정처럼 비장할지도 모른다.

식물도 당신이 한 일을 기억하고 있다

● 　　　작가 최인호는 '초등학교 때의 친구가 영원히 기억되는 것은 영혼과 영혼이 만나 깊은 우정을 쌓기 때문이다'라고 말한다.

아기가 태어나면 주변 환경에 반응하면서 1천억 개의 신경세포와 50조~1천조 개의 시냅스를 조합해서 뇌의 얼개를 만든다. 아기의 뇌는 엄마 뱃속에서부터 원뇌, 고피질, 신피질의 순으로 뇌를 완성해 나간다. 태어나서 우선 감정과 정서의 뇌인 고피질이 만들어진다. 고피질인 가장자리계통변연계은 언어 형성, 기억 등과도 밀접한 관계가 있다. 말하자면 고피질에 엄청난 메모리 영역을 만들어 놓는 것이다. 메모리 영역은 사람을 행복하게 만들기도 하고 불행하게 만들기도 한다.

소중한 사람을 만나는 것은 1분이 걸리고, 그와 사귀는 것은 1시간이 걸리고, 그를 사랑하게 되는 것은 하루면 된다. 하지만 그를 잊어버리는 것은 일생이 걸린다. 컴퓨터에 저장된 기억은 포맷으로 간단히 지워지지만 인간의 기억 영역에 저장해 놓은 것은 아무리 지우고 싶어도 호락호락 지워지지 않는 것도 있다. 나를 괴롭혔던 사람의 기억은 찰거머리같이 마음에 붙어서 시시때때로 떠오른다. 행복했던 기억도 불행했던 기억도 오래오래 남아 있다. 그래서 투자의 달인은 권한다.

"상대의 마음속에 좋은 '기억'을 남기는 것만큼 보장된 투자는 없다."

사람이 기억하는 것처럼 식물도 기억할까? 라고 물으면, "그렇다"고 대답할 사람은 없을 것이다. 그러나 히데오 토리야마Hideo Toriyama는 "그렇다"고 자신 있게 대답한다.

1960년 8월 13일, 일본 동경에 태풍이 닥쳐왔을 때의 일이다. 동경여자대학교의 연구원 히데오 토리야마 연구원은 신경식물의 기억력에 대해 연구를 하고 있었다. 그 중 가장 예민한 미모사를 대상으로 실험하고 있었다. 식물에게 자극을 반복적으로 주었을 때 그 자극을 기억하느냐를 보는 것이다.

그는 창 밖 화단에 심겨져 있는 미모사와 함께, 조금 전에 그 옆에 내다 놓은 또 다른 미모사를 뚫어져라 바라보고 있었다. 옆에 놓아둔 것은 방금 전까지도 그의 실험실에서만 자라왔다. 재미있는 현상이 일어나고 있었다. 강풍을 맞고 있는 이 두 미모사의 반응은 전혀 달랐다. 화단에서 자라는 미모사는 강풍을 맞자 즉시 잎을 접었지만 몇 시간이 지나자 잎을 열었다. 이와는 대조적으로 밖으로 옮겨 놓은 미모사는 바람이 부는 동안 내내 잎을 열지 않았다. 사뭇 밖에서 자란 것은 이미 경험했던 바람을 '기억'하고 있었다.

토리야마는 실내 미모사에게 하루 10시간씩 선풍기로 강풍을 보냈다. 이렇게 '바람 훈련'을 반복적으로 받은 미모사는 이 자극을 기억했다. 바람에 익숙해진 미모사는 바람이 불어오면 일단 잎을 접지만, 일정시간이 지나면 '이 자극은 자연현상에 불과해'라고 판단하고 잎을 열어 일상적인 활동에 들어갔다. 바람을 맞으며 자란 미모사는 바람을 '기억'하고, 이미 경험한 자극에 대해서는 민감도가 떨어져 다시 오는 자극은

'무시'하는 것이었다.

프랑스 식물학자 칸돌Augustin de Candolle은 '미모사를 반복해서 때리거
나, 낮은 전기로 감전시켜 훈련하면 처음에는 잎을 닫지만 자극이 계속
되면 무시하고 잎을 연다. 심지어는 아예 처음부터 무시하고 반응하지
않았다. 이렇게 훈련된 행동을 본래의 예민한 상태로 되돌리려면 기억
이 지워지도록 상당기간 조용하게 놓아두어야 한다'고 기록하고 있다.

이런 반응은 동물과 다르지 않는다는 사실도 확인했다. 1965년 남캘
리포니아대학의 신경생리학자 에릭 홈메스Eric Holmes와 게일 그루엔버그
Gail Gruenberg는 때리는 자극에 익숙해진 미모사는 때리는 자극은 '무시
ignore'하지만 전기자극 같은 다른 종류의 자극에는 반응했다며, '식물도
자극을 기억하고 종류가 다른 통증을 구별할 줄 안다'고 보고했다.

식물은 자신을 괴롭히는 사람이나 물을 주는 사람을 기억했다가 다가
오면 무서워하거나 환영한다고 벡스터C. Backster는 말한다.

그게 사실이라면 주변의 식물에게 여러분은 어떤 존재로 기억되어 있
을까? 태풍 같은 존재일까? 아니면 따뜻한 손길일까? 만일 당신이 태풍
같은 존재일거라고 판단된다면 당신 정서의 어떤 부분에 태풍이 존재할
것이며, 따뜻한 손길일거라고 판단되면 당신은 자연을 사랑하는 멋있는
존재라고 정의해도 될 것 같다. 당신 자신 속의 태풍 또는 따뜻한 손길
중 '태풍'은 때론 당신 자신을 괴롭히고, '따뜻한 손길'은 때로 당신 자신
을 어루만져줄 것이다.

바람을 자주 겪은 미모사는 바람을 '기억'해서
태풍이 불면 처음에는 잎을 닫지만 곧 연다.

스트레스는 나에게도 괴로워요

아침 외출 길에 아파트 현관 앞 화단에 탐스럽게 피어나는 노랑꽃창포를 보았다. 너무 예뻐서 바쁜 길을 멈추고 한참을 들여다보았다. 헌데 외출에서 돌아와 보니 그 꽃과 이파리들이 갈기갈기 찢겨져 길 위에 버려져 있는 게 아닌가. 철모르는 어린아이가 한 짓이겠지만 노랑꽃창포의 아픔을 생각하니 너무나 애처로웠다. 식물을 때리거나 잎을 찢으면 식물도 아파할까?

식물도 때리거나 잎을 찢으면 아파한다. 매우 예민해서 즉각적인 반응을 보이는 미모사 같은 식물도 있지만, 대부분의 식물은 느끼기는 해도 행동은 더뎌서 당장 눈으로는 볼 수 없다. 그러나 때리거나 밟거나 하는 자극을 자주 받은 식물은 성장이 현저히 떨어진다.

나는 '식물음악'을 개발하는 과정에서 식물도 음악을 듣는다는 사실을 증명하기 위해 여러 가지 실험을 했다. 그 중 하나는 식물의 몸에 전류계를 연결하고 계속 잎을 때리면서 전류계의 변화를 보았다. 손으로 직접 때리지는 않는다. 인체의 정전기가 흘러들어가므로 식물 자체의 반응과 혼동되기 때문에 플라스틱 막대로 때린다.

식물이 맞고 있는 동안 그래프는 마구 튄다. 마치 아픔을 감각하고 있다는 느낌을 받을 만큼 격렬하게 반응한다. 그래프는 때리는 동작을 멈출 때까지 이어진다. 높은 산의 나무들은 거의 땅에 엎드려 자란다. 바람을 피하려는 자세이기도 하지만 잦은 강풍 스트레스 때문에 성장이 억제 되었기 때문이다.

우리 할아버지들은 보리를 재배하면서 늦가을에 보리밭을 한 차례 밟

아주셨다. 단 한 차례이지만 밟힌 보리는 성장을 멈추고 대신 뿌리를 강하고 깊게 뻗기 때문에 겨울을 나는 동안에 얼어 죽지 않았다(이른 봄에도 또 한 차례 밟아주는데, 이때는 서릿발로 들떠 있는 흙과 뿌리를 밀착시켜 주기 위해서였다).

또한 아침에 일어나면 콩밭으로 가서 빗자루나 지팡이로 콩잎의 이슬을 털어주셨다. 그 당시 콩은 키가 매우 커 바람에 곧잘 쓰러져 제대로 콩을 딸 수 없었다. 그래서 아침마다 이슬을 털어 주면 콩이 웃자라지 않아 제대로 수확할 수 있었다. 빗자루질이 콩에게 스트레스를 주었기 때문이다.

이 방법이 효과적임을 과학적으로 증명한 사람이 있다. 서울대학교 한 대학원생이 20일 자란 총각무 잎을 매일 8시, 13시, 18시에 각각 10번씩 솔로 쓸어주었다. 한 달 후 건드리지 않은 총각무에 비해 잎 무게는 22%, 뿌리 무게는 16%나 가벼웠다. 가장 스트레스를 많이 받는 시각은 13시였다. 이 시간이 광합성이 가장 왕성한 때라 스트레스도 가장 강하게 받는 모양이다. 예전 어른들이 말했던 아침 시간과는 차를 보이긴 하지만, 과학적인 원리는 같아 옛 어른들의 지혜에 현대 과학자들은 놀라움을 금치 못했다. 과학자들은 이 과정에서 이파리를 건들 때 스트레스 가스인 에틸렌Ethylene가스를 내뿜으면서 자람이 나빠진다는 사실을 밝혀냈다. 행인들에게 끊임없이 밟히는 길가의 풀이 자라지 못하거나 심하면 죽는 것도 알고 보면 스트레스 때문이다. 길 가까이 난 풀일수록 자주, 그리고 심하게 밟히는 만큼 성장은 더 나쁘다.

식물은 이렇게 아픔만을 느끼는 것이 아니다. '밝다, 어둡다'라는 명암을 느낄 줄 알고, '뜨겁다, 차갑다'라는 온도, '위, 아래'와 같이 지구의

사람이 지나다니는 길에 가까이 있을수록 식물이
잘 못 자라는 것은 더 큰 스트레스를 받기 때문이다.

중심 방향도 판단할 줄 안다.

화초나 강아지도 사람의 손을 타면 더디 큰다. 아이들도 마찬가지라 '마음 튼튼, 몸 튼튼'한 성인으로 키우려면 스트레스를 주지 말고 사랑으로 먹이고 잘 재워야 한다. 아이들의 정신은 자주 어루만져 줄수록 커지고, 잔소리를 자주 할수록 작아진다.

봉선화를 배반한 개미

식물은 자신이 잘 움직이지 못하니만치 필요에 따라서는 자신을 보호하기 위해 동물을 부릴 줄도 안다. 아프리카 초원에 바람이 불면 덩달아 노래하는 나무가 있다. 가시가 사납게 돋친 아카시아나무다. 가시와 줄기에는 개미들이 만들어 놓은 수많은 구멍이 있는데, 여기에 바람이 스치면 소리가 나서 마치 나무가 노래하는 것 같다. 피리처럼 구멍의 크기와 바람의 세기에 따라, 스치는 각도에 따라 다양한 소리가 나서 들어본 사람의 말을 빌리자면 '아름다운 목관악기의 합주'를 듣는 느낌이라고 한다.

더 신기한 것은 이 나무는 바람이 불지 않을 때도 사람이나 짐승이 다가가면 '식식-' 소리를 낸다는 것이다. 이 때 소리의 주인공은 바람이 아니라 개미다. 아카시아는 가시만으로 자신을 보호하기에는 부족하다고 판단해 개미를 끌어들였다. 아카시아는 가시와 줄기 속에 치레개미 Crematogaster가 좋아하는 탄수화물로 된 과육을 꽉 채운다. 개미들은 과육을 파먹고 만들어진 공간을 집으로 삼아 살면서 아카시아에 덤비는 적을 물리쳐 준다.

멕시코 남부에서 코스타리카에 이르는 열대밀림에서 자생하는 쇠뿔 아카시아bullhorn acacia의 날카롭고 두꺼운 가시에 살고 있는 수도머멕스 Pseudomyrmex 개미도 그렇다. 개미들은 잎의 꿀과 가시의 단백질을 먹고 살면서 대신 그 식물을 공격하는 해충을 잡아먹어 치운다. 코끼리가 잎을 뜯으면 주둥이를 물어뜯어 다른 곳으로 가버리게 한다. 심지어는 그 나무 밑에 매어 놓은 말까지도 먹어치울 정도라고 한다. 이화여자대학교 최재천 박사는 한 강연에서 이들의 극성스러움에 대해 이렇게 소개한다.

"남미 코스타리카에 견학 갔을 때의 일입니다. 농부가 아카시아나무에 말을 묶어 놓고 며칠 출타를 다녀왔는데, 돌아와 보니 뼈밖에 안 남아 있더랍니다. 아카시아 나무를 지키기 위해 개미들이 말 몸통을 말끔히 뜯어먹은 거죠."

다니엘 얀센이라는 학자가 쇠뿔아카시아에서 개미들을 모두 퇴치하고 관찰한 결과 다양한 곤충들이 순식간에 덤벼 새순을 먹어버렸다. 그뿐만 아니라 덩굴식물들도 아카시아나무를 뒤덮어 버렸다. 반면 개미가 있는 그루는 개미들이 덮어오는 덩굴의 순을 갉아먹어 덩굴이 덤비지 못하게 만들었다. 아카시아나무 밑에 일부러 뿌려 놓은 잡초 씨까지 다른 곳에 물어다 버렸다. 더 나가서는 이미 싹이 튼 잡초는 어린 줄기를 모두 갉아먹었다.

이렇게 개미를 부려서 자신을 보호하는 식물이 아프리카에만 있는 것은 아니다. 우리 주변에서도 흔히 볼 수 있다. 벚나무와 능소화, 그리고 봉선화가 그런 식물이다. 벚나무의 경우 꿀샘이 두 곳에 있다. 꽃에 있는 것은 꽃가루받이를 해주는 벌을 위한 것이고, 잎과 잎자루의 경계선

봉선화 줄기 곳곳에 배꼽 같은 것은 밀선이고, 오른쪽 위 줄기에는
진딧물이 많이 보인다. 개미는 봉선화 꿀을 먹는 한편,
진딧물을 길러 단물을 얻어먹으면서 봉선화를 괴롭힌다.
벚나무도 잎자루에 두 개의 밀선을 만들어 개미로 하여금
꿀을 먹고는 대신 해충을 막아주도록 주문하고 있다.

에 있는 것은 해충을 막아주는 개미를 위한 것이다. 잎자루에는 배꼽 같은 것이 두 개 달려 있는데 이 밀선蜜腺에 손가락을 대 보면 끈적끈적하고, 혀에 대 보면 달콤하다. 개미들은 수시로 이곳에 몰려와서 꿀을 빨아먹는 대신 벚나무에 덤비는 해충을 물리쳐 준다.

능소화도 그렇다. 언젠가 수원에 있는 경희대학교 교정을 거닐 때 겪은 사건이다. 중앙도서관 앞으로 심겨져 있는 능소화에는 꽃이 아름답게 피어 있었다. 꽃의 내부가 어떻게 생겼나 궁금해서 손가락으로 잡고 안을 들여다보려는 찰나에 갑자기 손등에 따가운 통증이 왔다. 개미가 피부를 깨물고 늘어진 때문이었다. 뒤이어 꽃 속으로부터 서너 마리의 개미가 손을 향해 돌진해 왔다. 기겁을 해서 잡았던 손을 놓고 개미를 떼어냈다. 꽃 속에는 아직도 여러 마리의 개미가 진을 치는 광경을 볼 수 있었다. 우리 집 부근에서 어슬렁거리는 개미보다 서너 배는 컸다. 능소화는 개미에게 꿀을 대주면서 대가로 해충을 막아주고 꽃가루받이를 요구한다.

봉선화도 꽃과 줄기에 꿀샘을 만들어 놓고 개미를 용병으로 쓴다. 꿀을 먹는 대신 꽃가루받이도 해주고 해충도 물리쳐 달라는 주문이다. 그런데 개미는 봉선화 밀선의 꿀물을 빨아먹는 데 그치지 않는다. 해충인 진딧물을 끌어들여 봉선화 줄기에 놓아기르면서 단물까지 얻어먹는다. 봉선화를 배반하면서 꿩도 먹고 알도 먹는 개미는 얄밉고, 당하는 봉선화는 딱하기만 하다. 그러나 어쩌랴. 인간계나 동식물계에는 언제나 이런 양체족들이 존재한다.

봉선화

🌡 __ 16~30℃
💧 __ 2일에 한 번(충분한 관수)
🌱 __ 4~5월
🌷 __ 6월

줄기와 가지 사이에서 꽃이 피며, 꽃이 높이 앉은 봉황鳳의 모습을 닮았다고 붙여진 이름 봉선화. 다른 이름은 봉숭아. 손톱에 고운 꽃물을 들일 수 있다. 주홍빛 뿐만 아니라 분홍, 빨강, 보라, 흰색 등의 고운 빛깔을 갖고 있다. 봉선화는 도심에서도 잘 자라며 가장 좋은 곳은 햇빛과 통풍이 잘되는 곳이다. 여름에는 건조하지 않게 관리하는 것이 중요하다. 봄에 심으면 초여름부터 봉선화물을 들일 수 있으니 봉선화를 심어보자.

❀ 봉선화물의 유래
우리 조상은 봉선화가 나쁜 기운을 막는 수호신이라 믿었다. 그래서 집안에 침입하는 악귀, 병귀를 막으려고 집 마당, 울타리에 봉선화를 심었다고 한다. 그리고 아이들의 병마를 막기 위해 손톱에 물들기 시작한 봉선화가 지금까지 전해 내려오고 있다.

나 원래 예민한
식물이야 >>>

좋은 것만 감고 싶은 덩굴손

●   동물과 식물의 차이는 무얼까?

"동물은 움직이고 식물은 못 움직인다"고 대답한다면 19세기 이전 사람이다. 18세기에 근대 생물분류학의 아버지라고 불리는 칼 폰 린네Carl von Linné가 '식물이 동물이나 인간과 다른 점은 다만 조직이나 기관을 움직이지 못하고 활동도 못한다는 것뿐이고 감각은 있다'고 주장하기 전까지 사람들은 '움직임' 여부에 따라 동식물을 분간해 왔기 때문이다. 19세기 들어와서 진화론자며 식물학자인 찰스 다윈Charles Darwin은 덩굴손이 독립적인 운동 능력이 있음을 증명하면서 '식물도 움직인다'는 점을 분명히 했다.

속도가 너무 느려 우리 눈에 느껴지지 않을 뿐 식물도 동물처럼 쉬지 않고 움직인다. 줄기는 빛을 향해 쫓아가고, 잎은 빛이 오는 곳으로 방향을 튼다. 뿌리는 땅속에서 물과 비료를 향해 뻗어간다. 퇴비덩이를 묻어 주면 뿌리가 다가가서 퇴비를 돌돌 말아 버린다. 버드나무 뿌리는 물이 많은 쪽으로 다가가 아예 물속에 호스처럼 대놓고 빨아들인다. 덩굴손은 감고 올라갈 나무를 감지하고 그 쪽으로 뻗어간다. 영국 BBC에서 찍은 영상을 보면 봄철 줄기가 돋아 나오는 우리나라 복분자의 사촌인 블랙베리Black berry는 가장 가까운 지지대를 찾아내고 그곳으로 줄기를 뻗는다.

덩굴손(원래 잎이 변형되었다)은 공중에서 감고 올라갈 물체를 찾아 천천히 움직인다. 어떤 물체에 닿으면 일단 감는다. 그러나 닿자마자 그 물체가 움직인다거나 너무 매끈하다거나 하면 감았던 것을 푼다. 가시박Sicyos angulatus(북미 원산 외래식물로 80년대 초에 델라웨어에서 수입한 콩 씨에 섞여 와 국내에서 급격하게 번진 문제의 잡초)은 줄기가 끊임없이 상모를 돌리듯 360도 회전하면서 감을 것을 탐색한다. 덩굴손은 인간의 감각보다도 더 예민해서 1m에 0.25mg 하는 양모 같이 가늘고 가벼운 물체에도 이끌려 즉시 감기 시작한다. 감는 속도는 덩굴이 빨리 자라느냐 더디 자라느냐에 다소 차가 있지만 매우 신속하다. 덩굴손 가까이로 손가락을 가져가면 다가와서 1분 안에 감아 버린다. 시계꽃 Passiflora gracilis의 덩굴손은 물체에 닿아 자극을 받으면 20~30초 안에, 박과의 싸이클란테라Cyclanthera pedata같은 식물의 덩굴손은 0.5초 만에 감기 시작한다.

덩굴손은 사람의 감각보다도 훨씬 더 예민하다. 사람은 전혀 느낄 수 없는 지극히 미세한 수준에서 줄이 단단한지, 지나치게 매끄럽지는 않은지, 굵기는 적당한지를 판단하고 감을 것인지 말 것인지를 판단한다.

덩굴손에는 자극에 아주 민감한 특수한 감각세포가 있다. 능소화과의

가시박의 덩굴손은 손가락은 물론 근처의 양모만큼 가늘고
가벼운 물체도 인식하고 다가가 즉시 감기 시작한다.

에클레모칼퍼스Accremocarpus scaber의 덩굴손 표면에는 현미경으로나 볼 수 있는 여드름 모양pimple-shaped cell의 접촉에 매우 민감한 감각세포가 줄지어 있다. 이들 중 세포 하나만 물체에 닿게 되면 그 자극이 방아쇠를 당긴 것처럼 모든 덩굴손이 감도록 전류가 즉시 전달된다. 이 때 줄이나 물체가 느슨하거나 매끄럽거나 지나치게 굵으면 포기를 한다.

트랑쉬Tronchet A.라는 학자는 1977년 채송화와 수레국화의 수술에서도 여드름 모양의 감각세포를 발견하였다고 보고한다. 채송화는 벌이 앉으려는 순간 수술은 1초 안에 반응을 시작하고, 2~5초 안에 벌이 앉을 방향으로 23도 구부러져 벌에 잘 닿도록 한다. 이것들은 벌이 꽃에 닿기도 전에 수술이 그 쪽으로 향하고 접촉 즉시 꽃밥을 짜 낼 정도로 예민하다.

만일 덩굴손이 일정 기간 동안 물체를 잡지 못하면 서서히 죽어 간다. 덩굴식물이 반드시 안전한 물체를 잡아야만 산다는 사실과 잡지 못하는 덩굴손은 불필요하다는 사실을 인식하고 판단한다는 증거다. 멀뚱멀뚱 가만히 있는 것 같은 식물도 판단하고 그 판단에 따라 행동에 들어간다.

파리지옥이 파리를 잡는 똑똑한 노하우

1940년대에 태어난 나는 상당한 나이를 먹도록 식물이 동물을 잡아먹을 수 있다는 사실을 몰랐다. 불과 반세기 전 우리가 자랄 때는 동화책도 없었고, 과학지식을 흡수할 만한 기회도 거의 없던 황량한 시절이었기 때문이다. 요즘은 파리지옥 같은 외래 식충식물들을 흔하게 볼 수 있고, 우리나라에도 끈끈이주걱 같은 자생 식충식물도 있지만 그때는 깜깜하기만 했다.

책에서 읽은 파리지옥Venus-fly traps은 참 신기했지만 직접 보기란 쉽지 않았다. 어느 해인가 미국의 스미소니언박물관의 양지바른 화단에서 나는 처음 파리지옥을 보았다. 그 후 국내에서도 보았지만 파리를 잡아먹는 광경을 직접 보지 못했다. 나는 파리를 잡아먹는 모습을 보려고 파리지옥을 사왔다. 밀폐한 투명 플라스틱 통에서 자라는 작고 앙증맞은 덫이 예닐곱 개나 돋아 올라 와 있었다. 문제는 아파트에는 파리가 거의 없다는 점이다. 게다가 방충망을 다 달아 놓았으니 들어올 수도 없다. 그렇다고 방충망과 함께 창문을 열어 놓을 수도 없는 것이 불청객인 모기란 놈이 따라 들어오기 때문이다. 나는 파리지옥이 죽을 때까지 파리가 잡힌 것은 보지 못했다. 그런데 운 좋게도 우연히 파리지옥 화분을 판으로 놓고 팔고 있는 꽃가게에서 직접 보게 되었다. 그 때 작은 벌이 덫에 걸려 나오려고 몸부림을 치고 있었는데 덫은 요지부동이었다. 벌의 운명을 생각하니 열어 주고 싶었지만, 오랜만에 파리지옥이 즐길 성찬에 생각이 미치자 사진만 찍고 일어섰다. 그러나 작은 벌에 대해 극락왕생을 빌어주는 기원은 잊지 않았다.

덫은 마치 어린 콩깍지를 벌려 놓은 것 같아서 흔히들 꽃으로 알지만 실은 잎이 변한 것이다. 꽃은 잎줄기 사이로 꽃대가 길게 올라와 잎이 5장인 아주 작고 하얀 꽃을 피운다. 평상시에는 여느 잎처럼 광합성을 하고 있다가 파리가 앉으면 지옥문을 0.1~0.5초 사이에 닫아 버린다.

파리지옥의 두 개 열편 중 아래쪽 열편에는 털 같은 촉모 3개(종에 따라서는 여러 개)가 나와 있는데 이것을 건드린다고 전부 닫히지 않는다.

벌을 잡은 파리지옥. 35초 안에 덫(열편)의
같은 촉모를 2번 이상, 또는 촉모 2개 이상을
동시에 건드려야 닫힌다.

35초 안에 한 촉모를 2번 이상, 또는 동시에 촉모 2개 이상을 건드려야 닫힌다. 자극에 매우 예민한 3개의 작은 털 밑부분이 기동세포에 닿아 있어서 털을 건드리면, 이 물리적인 자극이 화학적인 신호(에틸렌 분비)와 전기신호로 바뀌어서 기동세포로 전달된다. 신호를 받은 기동세포는 덫 뒷면 표피의 세포벽으로 수소이온을 보낸다. 그 결과 세포벽의 산도 pH가 4.5 또는 그 이하의 강산성으로 떨어진다. 강산성이 된 세포를 희석시키기 위해 주변 세포에서 물을 보낸다. 이 과정은 초 단위로 신속히 일어나고 그 결과 열편 뒤쪽 세포가 순간적으로 팽창된다. 그러나 열편 안쪽의 세포는 그대로 있기 때문에 자연히 열편은 안쪽으로 오그라들어 순식간에 닫힌다. 덫에 갇힌 먹이가 몸부림을 치면 촉모는 더욱 더 강한 자극을 받는다. 열편의 안쪽 세포에도 물이 들어와 빵빵하게 되는 바람에 조이는 힘이 강해지면서 먹이는 터져 버린다. 드디어는 분비세포로부터 염산이 주성분인 소화액이 흘러나와 먹이는 녹기 시작한다.

파리지옥은 덫에 닿은 것이 먹이인지 아닌지를 구별할 줄도 안다. 덫에 파리 크기의 고기 조각과 유리 조각을 각각 살그머니 놓으면, 고기조각에는 즉시 닫지만 유리 조각에는 닫지 않는다. 이번에는 고기조각의 주성분인 질소가 든 비료를 물에 녹여 한 방울 떨어뜨리면 고기조각으로 착각하고 덫을 즉시 닫는다.

파리지옥, 끈끈이주걱, 네펜데스와 같은 식충식물들은 원래 늪지가 고향이다. 그런 곳에는 오랜 세월 동안 물에 의해 녹고 흘러내려서 질소가 절대적으로 부족하다. 다른 양분 역시 희박하다. 그런 환경에서 자라는 식충식물에게 화학비료를 주면 양분에 중독이 되어 죽을 수 있다. 내가 비록 저농도였지만 살리려고 주었던 비료가 파리지옥을 죽인 이유는 그 때문이었다. 그러나 성장과 생식을 위해 질소는 절대적으로 필요하다. 그 때문에 식충식물들은 질소 확보를 위한 작전으로 주변을 배회하는 작은 동물을 사냥하는 쪽으로 진화를 거듭하게 된 것이다.

이에 따라 질소를 분간하는 능력은 동물보다 더 날카롭다. 파리지옥은 먹이에 고기의 주성분인 질소 성분이 있는지 없는지를 분간할 정도로 똑똑하다. 더구나 파리지옥은 파리가 좋아하는 냄새를 매우 희미하게 피워 파리를 유인한다. 그래도 생선 조각을 주위에 놓아 파리를 꼬이게 해주면 더욱 잘 키울 수 있다. 물론 아파트에서는 이 방법도 통하지 않는다. 워낙 파리가 없으니 말이다.

밤마다 신방 차리는 자귀나무

　　　　　　　장마철로 들어서는 6월 하순부터 7월 한 달 동안 우리나라는 가히 '꽃의 보릿고개'라 할 수 있다. 꽃 보기가 어려운 계절이라는 말이다. 5월에는 장미며, 붓꽃이며 백합이, 6월에는 싸리꽃과 능소화 같은 꽃들이 만발했다 지고 나면 장마기에 접어들면서부터는 꽃다운 꽃 보기가 어렵다. 이 시기가 지나면 양봉가들은 가위 비상이다. 그래서 벌통에 설탕물과 꽃가루를 넣어 주어야 한다. 이 땅의 꽃나무들은 비가 오면 꽃가루받이가 안 된다는 것을 알고 이 계절을 피해서 진화해 온 때문일 게다. 그나마 모감주나무와 자귀나무가 있어 7월을 지켜주어 삭막함을 덜어준다.

모감주나무는 장마철의 장대비에도 아랑곳하지 않고 샛노란 꽃을 피운다. 자귀나무는 처녀의 발그레한 볼을 예쁘게 치장해주는 볼터치 붓 같은 분홍빛 털을 탐스럽게 달고 핀다. 꽃향기도 여간 향긋한 게 아니다.

관엽식물인 미모사mimosa, 신경초와 잎 모양과 꽃이 매우 비슷해서 브라질이 고향인 식물로 오해받는 자귀나무는 우리나라 산에서 흔한 자생식물이다. 콩과식물이라 영양가가 높고 줄기 맛이 좋기 때문에 산토끼에게 선호도가 높아서 겨울철 단골 먹이가 된다.

미모사가 인기가 높은 것은 슬쩍 건드려도 마치 불에 덴 벌레가 움츠리듯이 즉시 잎과 줄기가 오므라드는 때문인데 자귀나무는 마구 때려도 죽은 듯 반응이 없다. 그런 놈이 해질 무렵부터는 꼭대기 어린잎에서부터 차례로 접기 시작해서 어둠이 깔리기 전에 전체 잎을 다 접고 잎자루까지 아래로 축 떨어뜨린다.

예전에는 부모가 간절한 기원을 담아 이 나무를 아들의 신방新房 앞에 심어 놓았다. 날이 어두워지면 마주 접히는 잎 모습처럼 아들 부부가 사랑으로 합해 기쁨을 누리고 어서 손주를 낳아 달라는 간절한 기원이 담겨 있다. 자귀나무의 또 다른 이름은 '남자와 여자가 함께 즐기는 모습 같은 나무'라는 뜻의 '합환수合歡樹'이다. 얼마나 낭만적인 이름인가.

대부분의 콩과식물은 밤이 되면 잎을 접는 것으로 보아 진화가 꽤 진행된 식물인 것 같다. 빛이 없어 광합성을 할 수 없는 밤 동안 잎을 열 필요가 없는데도 열고 있으면 강풍이나 야행성 곤충의 공격으로 피해를 받을 수 있다. 때문에 콩과식물의 조상은 지혜롭게도 이런 성질을 유전자로 내려주었다.

그럼 어떻게 해서 잎이 접히게 될까? 날이 어두워지면 잎에 있는 생물시계(세포 속의 파이토크롬phytochrome이라는 물질이 빛의 강약을 감지한다)가 약해지는 빛을 감지해서 잎과 잎자루 끝의 접히는 부분에 있는

서둘러 꽃을 피우는 다른 꽃들과 달리 6~7월에 녹음 속에서 꽃을 피우는 자귀나무는
늦은 오후부터 잎을 접기 시작하여 한밤에는 줄기를 떨어뜨리고 잎도 완전히 접는다.

기동세포로 신호를 보낸다. 기동세포는 보통 세포보다 크고 물로 가득 채워져 있다. 물과 이온이 쉽게 드나들 수 있게 세포벽이 매우 얇다. 잎으로부터 신호를 받으면 두 개의 세포로 나뉜 기동세포의 아래쪽 방에 있는 칼륨이온과 염소이온이 위쪽 방으로 넘어간다. 이온이 움직이면 삼투압의 균형을 이루기 위해 물도 함께 따라간다. 그 결과 아래쪽 세포는 졸아들고, 위쪽 세포는 팽팽하게 된다. 그 결과 잎자루는 자연스럽게 아래로 접히게 된다. 잎을 마주 접는 자귀나무는 반대로 위쪽 방의 칼륨이온이 아래로 내려감으로써 잎자루가 위쪽으로 기울게 되어 있다.

미모사는 벌레가 놀라 떨어져버릴 만큼 순식간에 툭― 잎자루가 떨어지지만 자귀나무는 이 현상이 천천히 일어나서 움직이는 것을 금방은 눈치를 채지 못한다.

베란다 식물학

파리지옥

🌡 __ 21~38℃(생육), 1.7~10℃(휴면)
🫖 저면관수(화분받침에 물을 담아 습기를 유지하는 방법)

식충식물은 벌레를 잡아먹는 식물로 향기와 색깔, 과즙으로 유혹해 벌레의 체액을 섭취하는 식물이다. 대표적인 식충식물인 파리지옥은 씨나 화분으로 구입할 수 있다. 씨앗을 심어서 키우는 방법은 어려워서 주로 파리지옥의 잎을 꽂아서 번식시키는 '잎꽂이법'을 많이 이용한다. 온도와 습도가 높아도 잘 자라는 파리지옥은 아침에는 햇빛에, 오후에는 그늘에 두는 것이 좋다. 유의할 점은 파리지옥의 덫을 볼펜, 젓가락 등으로 자주 자극하지 말 것. 이건 파리지옥에게 큰 에너지 손실과 스트레스를 준다. 무공해 해충잡이, 파리지옥으로 우리 집의 해충을 잡아보는 건 어떨까.

❀ 집에서 키울 수 있는 식충식물

벌레잡이제비꽃 보랏빛 꽃이 아름다우며 잎의 끈끈한 점액으로 벌레를 잡는다.
끈끈이주걱 잎의 촉수에 끈끈한 점액이 나와 벌레를 유혹하고 잡히면 소화한다.
네펜데스(벌레잡이통풀) 냄새로 벌레를 식물의 주머니로 유인, 그 안의 소화액으로 벌레를 먹는다.

음악은 식물도
춤추게 한다 >>>

귀 없는 식물이 잘 듣는다고?

        아프리카의 어느 부족은 집을 짓거나 길을 내려는 곳에 서 있는 나무를 톱으로 베는 대신 마을 사람들이 모여 나무를 향해 크게 소리를 지른다고 한다.

"너는 가치가 없어졌어!"

"너는 죽어 마땅해!"

"우린 널 미워해!"

나무에게 저주하는 말을 계속 들려주면 시들시들 말라죽는다는 것이다. 귀 없는 식물이 말이나 음악을 들을 수 있을까?

필자는 3년 동안의 연구 끝에 식물에게 음악을 들려주면 잘 크고 병과 벌레에 강해져서 농약을 적게 쓸 수 있다는 결과를 얻고 1994년 11월 17일에 발표했다. 공중파 3사와 주요일간지가 일제히 이 '신선한 결과'를 보도했다.

KBS 라디오는 식물에게 음악을 들려주면 잘 크고 병해충에도 강해진 다는 사실을 확인할 수 있는 현장을 안내해 줄 것을 주문해 왔다. 나는 1995년 7월 음악의 효과를 볼 수 있는 경남 김해시 대동면 김만석 씨의 장미농가를 안내했다. 이 농가는 지난 3년 동안 음악을 들려주어 색과 향이 더 좋은 장미꽃을 남보다 30%나 많게, 그것도 남들은 45일 걸리 는 것을 5일이나 단축해서 수확하고 있었다. 취재진은 하우스에서 해충 을 끌어들여 죽이는 유아등誘蛾燈에 뒤집어쓴 먼지와 거미줄, 하우스 안 에 보금자리를 틀고 새끼를 깐 오목눈이 뱁새, 보일러실에서 먼지를 뒤 집어쓰고 잠자는 농약상자를 보고 농가가 농약을 치지 않고 있음을 확 인했다.

정말 식물이 음악을 들어서 이런 효과가 나는 것일까? 차가 쉴 새 없 이 오가는 고속도로에 인접한 하우스의 식물들은 잘 크지 않고, 자동차 소음을 녹음해서 매일 한두 시간씩 들려주면 잎가가 누렇게 타고 뒤틀 리고 빈약하게 큰다. 이런 현상을 종합해 보면 식물도 사람처럼 귀가 있 어서 좋고 나쁜 소리를 가려서 느낄 줄 아는 것처럼 보인다.

허나 식물은 귀가 없다. 수만 종의 식물 중에 오직 벼에서만이 잎귀葉 耳, auricle라는 털이 달린 기관이 있다. 잎자루의 아래쪽 끝에 마치 귀처 럼 붙어 있다고 해서 이런 이름이 붙었을 뿐, 듣는 역할을 하는 것은 아 니다. 이것의 역할은 벼 줄기를 감싸 안아서 바람에 잎이 떨어져 꺾이지 않도록 지탱해주는 일이다.

우리는 사랑하는 이의 속삭임을 듣는다. 그의 성대에서 만들어진 파 동소리이 내 고막에 당도하여 고막이 떨리면 고막 안쪽의 이소골 뼈가 떨 림을 뇌로 전달한다. 아무리 작은 소리라 해도 이런 경로로 사랑하는 이의 속삭임을 하나도 빠짐없이 들을 수 있고 그래서 한없이 마음이 떨리게 된다.

그럼 식물은 무엇으로 어떻게 소리를 들을까? 소리의 크기는 dB데시벨로 나타내는데, 사람이 들을 수 있는 최소한의 소리 크기를 0dB로 잡는다. 생쥐의 오줌 한 방울이 1m 아래 마룻바닥에 떨어지는 소리는 1dB, 마른 낙엽이 살랑거리는 소리는 10dB. 사람의 대화소리는 40dB인데 이것을 넘으면 듣기도 싫어지고 몸에도 해롭다. 60dB이 넘으면 잠을 방해하고, 80dB이면 위장의 운동을 40%나 떨어뜨린다.

소리는 파동이고 에너지다. 이 에너지가 큰 에너지는 아니다. 사람이 8년 7개월 6일간 계속 소리를 지를 때 나오는 음파의 에너지로 한 잔의 커피를 끓일 수 있다. 그러나 파동은 작은 게 아니다. 여성의 절규는 포도주 잔을 깨뜨릴 정도로 예리하다.

이렇게 닿는 곳에 소리는 자극진동을 준다. 음악을 틀면 스피커로부터 파동이 흘러나와 식물의 몸에 닿는다. 눈으로는 볼 수 없는 아주 작은 파장이 식물체를 떨리게 한다. 이렇게 아주 미세한 떨림을 식물체는 감지한다.

우리 몸 전체가 세포로 이뤄져 있는 것처럼 식물도 온몸이 세포의 덩어리이다. 그런데 식물세포가 동물세포와 구조상으로 전혀 다른 점이 두 가지 있다. 하나는 식물세포에는 엽록체가 있다는 점이다. 식물은 이것으로 탄소동화작용을 해서 자신도 살고 동물도 먹여 살린다.

또 다른 점은 식물에는 동물세포에는 없는 세포벽이 있다는 점이다. 세포벽이 바로 고막의 역할을 한다. 동물의 피부는 부드럽지만 식물체가 딱딱한 것은 세포벽 때문이다. 동물의 피부는 누르면 들어갔다 탄력

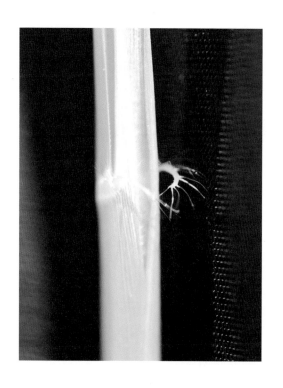

수만 종의 식물 중에 오직 벼만 잎귀라는 털이 달린 기관이 있다.
잎자루의 아래쪽 끝에 마치 귀처럼 붙어 있다고 해서 얻은 이름일 뿐
듣는 기관은 아니라 줄기를 껴안아 잎이 바깥으로 꺾이지 않도록 한다.
식물은 귀가 없다. 그 대신 온몸으로 듣는다.
세포벽이 고막 역할을 하기 때문이다.

이 있어서 되나오지만, 식물은 눌러도 잘 들어가지 않고 힘주어 누르면 세포가 깨져 물이 나오고 상처가 생긴다. 세포벽이 있고 없음에서 오는 차이이다.

세포벽 안쪽은 동물이나 식물이나 똑같이 세포막-세포질의 순서로 되어 있다. 소리의 파동, 즉 떨림이 맨 처음 닿는 부분은 식물 세포의 딱딱한 세포벽이다. 세포벽이 떨면 안쪽의 세포막이 떨린다. 세포벽이 고막인 셈이다. 세포막의 떨림은 액체인 세포질을 떨게 한다. 음악을 들려주면 물리적인 자극이 세포질을 활발하게 움직이게 해서 잘 크고 해충을 퇴치하는 좋은 성분(루틴rutin과 가바GABA)도 나오게 한다. 그러니까 식물은 귀가 없는 대신 온몸으로 소리를 듣는다. 금강경에 '공즉시색 색즉시공空卽是色 色卽是空', 즉 '없음이 있음이요, 있음이 없음'이라는 경구經句가 공감간다.

처음 이 연구를 시작했을 당시에 음악의 효과를 비교하기 위해 음악을 들려주지 않은 것과 들려주는 비닐하우스를 각각 짓고 배추, 무, 상추, 해바라기, 버베나 화초 등을 길렀는데 음악을 들려준 식물들은 저희들끼리 감싸 안는 것처럼 조화를 보이면서 더 싱싱하게 자랐다. 마치 사람이 좋아하는 음악을 늘 들으면 얼굴의 표정이 아름다워지는 것처럼. 특히 식물을 위해서 만든 '그린음악'을 식물에게 들려주면 그 어떤 음악보다 이런 효과가 더 뚜렷하게 나타났다.

식물에게 바흐나 베토벤과 같은 클래식을 들려주면 잘 자라는 반면, 록이나 헤비메탈을 들려주면 잎이 뒤틀리고 자람이 나빠진다. 사람도 같은 종류의 음악을 오래 들으면 식물과 비슷한 결과를 얻게 된다고 하는 음악전문가도 있다.

농약 대신 음악! 슬픔 대신 행복!

　미국에서 실제 있었던 일이다. 드넓은 옥수수 밭 한쪽에 실험실에서 기른 조명나방 애벌레 수천 마리를 뿌렸다. 그리고는 가까운 데부터 먼 곳에까지 군데군데 옥수수 잎을 잘라 타닌tannin, 풋감 맛의 떫은 성분을 측정했다. 옥수수 잎의 타닌 함량은 점차 높아지면서 마치 물결처럼 차츰 먼 곳까지 높아져 갔다. 이번에는 반대로 농약을 뿌려서 애벌레를 없애자, 타닌은 물결이 잦아들 듯이 먼 곳부터 점차 사라져 버렸다.

　어떤 연구자는 어린 미루나무의 이파리 20장 중 2장을 떼어 버렸다. 그리고 50시간이 지난 후에 이파리의 타닌을 재 보았더니, 떼어 내기 전에 비해 여전히 높은 수준이었다. 처음 수준까지 되돌아가는 데는 무려 100시간이나 걸렸다. 그뿐만 아니라 건드리지 않은 이웃 나뭇잎에서도 타닌이 60%나 증가했다. 이와 같이 식물은 해충에 먹히거나 상처를 받으면 타닌 성분이 생긴다. 그리고 이웃한 식물도 이 정보를 받아들여 미리 저항물질을 만들어 대응태세를 갖춘다. 이 정보가 퍼지는 속도는 1분에 반경 30m까지 간다고 한다.

　그런데 저항물질이 해충이 발생해야만 분비되는 것일까? 식물에게 음악을 들려주면 농약 사용량이 현저히 줄어든다. 해충이 덜 생기기 때문이다. 왜일까? 음악은 일종의 물리적인 자극이다. 음악을 틀면 스피커에서 음파가 흘러나와 식물의 몸을 자극한다. 물리적인 자극을 받은 식물은 화학적인 변화를 일으킨다. 루틴과 가바 같은 해충에게 해로운 성분이 최고 2.5배나 증가한다. 이 두 성분은 사람에게는 이롭지만 해충의 수명을 짧게 하고 체중이 줄어들며 알을 적게 낳게 한다.

음악을 들려준 양배추(왼쪽)는 진딧물이 없지만 안 들려준 양배추에는
많이 보인다. 음악은 해충에게 해로운 성분과 먹지 못하게 하는 성분을
만들어 주기 때문이다.

음악은 또한 식물 스스로, 해충이 자신의 잎을 먹지 못하게 하는 성분(섭식저해물질)을 만들게 한다. 앞서 말한 타닌 같은 성분도 그 중 하나다. 또 음악을 들은 식물에서는 해충의 변태(애벌레가 성충으로 되는 현상)를 방해하는 물질도 만들고, 해충의 호르몬을 뒤죽박죽 교란시키기도 한다. 그 때문에 농약을 많게는 8할까지 줄일 수 있다. 미나리 실험에서 음악을 안 들려 준 것은 그루당 진딧물이 110마리인 반면에, 그린음악을 들려 준 것은 3마리에 불과했다.

그렇다면 어떤 음악이 좋을까? 물론 많은 연구과정을 거쳐 만든 '그린음악'이 가장 좋다. 그러나 여건상 그린음악을 들려주기 어렵다. 그런 경우에는 비발디의 '사계'와 같은 클래식, 또는 사람의 목소리가 들어가지 않은 경음악도 좋다. 음악은 매일 아침 6~9시 사이에 2시간 정도만 들려주면 된다. 이때 반드시 물과 비료를 20퍼센트 더 주어야 효과를 얻을 수 있다. 이미 스피커 시설이 있으면, 음악 CD와 매일 일정한 시간에 작동을 하게 하는 타이머timer만 더하면 된다.

음악으로 키운 농작물은 퍽 낭만적이며 게다가 농약도 덜 주게 되어 퍽 안전한 먹을거리다.

행복해지려면 무초를 길러라

「사소한 것에 목숨을 걸지 마라」의 저자 칼슨Carlson은 사랑을 배우고 싶으면 '매일 당신이 돌볼 식물을 한 그루 선택하라'고 권한다. '그것을 자신의 아이처럼 돌보다 보면 자연스럽게 사랑하는 법을 배운다. 그러다 보면 식물 너머로까지 사랑이 넓어져 인생이 행복해진다'는 것이다.

나는 누군가의 집이나 사무실을 방문했을 때, 키우고 있는 식물이 있는가? 있으면 물을 잘 주는가? 유심히 살핀다. 식물이 싱싱하게 자라고 있으면 안심하고 교류할 수 있는 사람이라고 단정한다. 반대로 화분의 흙이 비스킷처럼 말라 있으면 성정에 건조한 면이 있다고 판단하고 조심스럽게 다가간다. 그런 판단이 지금까지 크게 틀리지 않았다.

식물에 관심이 없는 사람이나 사랑에 서툰 사람이라도 무초舞草, dancing plant를 길러 보면 마음이 달라진다. 무초가 특별히 사람의 관심과 사랑을 끌기 때문이다.

중국 사람들에게는 무초와 연관되어 슬픈 이야기가 전해 내려오고 있다. 옛날 다이족에 '두어이'라는 예쁘고 춤을 잘 추는 소녀가 있었다. 그의 미모와 춤에 반한 족장은 매일 춤을 추게 강요했고, 시달림에 지친 두어이는 결국 강물에 몸을 던졌다. 얼마 후 그의 무덤에서 돋아난 풀은 음악이 들려오면 춤을 추었다. 동네사람들은 이 풀에 두어이의 혼백이 깃들었다고 믿었고 '춤추는 풀'이라는 의미로 무초라는 이름을 붙여주었다. 이 식물은 중국의 남부에 자생하는 콩과의 잡초이다. 무초舞草, 이름에 풀 초草자가 들어가 있지만 사계절이 따뜻한 곳에서는 고추처럼 나무로 자라기도 한다.

찰스 다윈이 1873년 10월 31일자로 영국의 큐식물원장인 조셉 후커 경에게 보낸 편지에서, 무초에 대해 이렇게 썼다. '열편이 결코 자지 않고 밤 11시까지 아니 그 이후에도 놀이를 합니다. 나는 이런 것은 처음 봅니다.'

사실 그렇다. 무초의 탁엽托葉은 이파리가 달린 잎자루 중간쯤에서 나온 작은 이파리 한 쌍을 말하는데, 음악을 들려줄 때는 물론, 조용할 때도 오르락내리락한다. 고양이의 수염처럼 순식간에 올라붙기도 하고 갑자기 밑으로 뚝 떨어지기도 한다. 무초는 온도 25~30도, 습도 70%, 광선이 잘 드는 환경에서 곧잘 움직이며 특히 어린이나 여성의 노래에 더 민감하게 반응한다고 한다.

나도 한동안 연구실에서 무초를 키워본 적이 있다. 콩과식물이라 물만 잘 주면 비료를 주지 않아도 잘 자란다. 아니 너무 잘 자라 물을 매일 주어야 한다. 제가 공기로부터 질소를 고정해서 무럭무럭 자라 빠른 시일 안에 화분을 가득 채운다.

하루는 내가 창안한 그린음악농법을 취재하기 위해 KBS 기자들이 내 연구실을 방문했다. 창가에 있는 무초를 보더니 어떤 음악에 더 잘 반응하는가를 알고 싶어 했다. 나도 그 때까지 그런 실험을 한 적이 없어서 흥미로웠다. 마침 책상 위에 있는 멕시코의 '손 데 마데라Son de Madera' 합창단이 부른 남미 특유의 정열적인 합창을 들려주었다. 탁엽은 우리의 예상과는 정반대로 움직임을 멈추었다. 쏟아지는 강렬한 남미의 토속 음악에 질렸는지 요지부동이었다. 지켜보던 취재진은 식물을 위해 만든 그린음악을 들려주자고 했다. 그린음악이 나오자 탁엽은 기다렸다는 듯이 먼저보다 더 활발하게 움직였다. 무초는 강렬한 남미음악보다 동요풍의 경음악을 더 선호하는 듯이 보였다.

음악을 들려주면 잎자루 아랫부분에 있는 탁엽의 엽점이 관절처럼 자주 움직이기 때문에 마치 춤추는 것 같아 보인다. 음파인 소리가 엽점에 있는 기동세포에 닿아 물리적인 자극을 주면 기동세포에 물이 들락날락 함에 따라 일어나는 현상이다. 그렇다고 꼭 소리가 있어야만 움직이는 것은 아니다. 사방이 조용한데도 마치 장난하듯이 움직이기도 한다. 그러나 무초의 이러한 움직임이 왜 그렇게 언제나 활발한지에 대해서는 아직 밝혀져 있지 않다.

무초의 탁엽(원 안)은 소리에 민감해서
고양이 수염처럼 잘 움직여 사람의 사랑을 받는다.

무초

🌡 __ 25~30℃
🫖 __ 1주일에 3~4회
🌱 __ 연중
🌷 __ 9월

　　　　소리에 반응하는 식물인 무초는 어린이와 여성의 목소리, 노랫소리, 큰소리 등에 잘 움직인다고 한다. 요즘 무초는 내한성, 잘 움직이는 품종이 개발돼 화분으로 많이 출시되었다. 씨앗은 물에 불려서 흰 싹이 껍질을 깨고 나타나면 심어준다. 싹이 트기까지는 길게는 한 달 정도 걸리며 저면관수로 촉촉함을 유지해야 한다. 발아 후에는 잘 자라므로 점차 큰 화분에 옮긴다. 햇빛을 적게 받으면 식물의 줄기가 가늘어져 꺾일 수 있으니 충분히 일광욕을 시키자. 무초가 시들면 양지에서 물을 많이 주고 하루~이틀 정도 상태를 살핀다. 우리 집 베란다에서 춤추는 무초의 멋진 몸짓을 감상하고 싶다면, 지금 무초를 키워보자.

🌸 식물이 좋아하는 음악

과학자들의 실험에 의하면 식물은 고전음악, 물소리, 새소리의 자연 소리 등을 좋아한다고 한다. 이에 반해 시끄러운 소리는 싫어하는데 헤비메탈을 들은 콩나물이 갈라지고, 자동차나 공장의 기계 소음에 씨앗을 많이 맺지 못했다고 한다. 조용한 음악이 사람에게도 좋듯, 식물도 역시 똑같은 법인가 보다.

베란다에서 텃밭까지 보통 식물들의 생활 속 재발견

베란다 식물학

초판 1쇄 발행   2012년 5월 25일
초판 2쇄 발행   2012년 7월 5일

지은이   이완주

펴낸곳   지오북(**GEO**BOOK)
펴낸이   황영심
편집   전유경, 김민정, 유지혜
디자인   박수야

주소   서울특별시 종로구 사직로8길 34, 1321호
(내수동 경희궁의아침 3단지 오피스텔)
Tel_02-732-0337
Fax_02-732-9337
eMail_geo@geobook.co.kr
www.geobook.co.kr
cafe.naver.com/geobookpub
출판등록번호   제300-2003-211
출판등록일   2003년 11월 27일

ISBN 978-89-94242-15-6 03480

이 도서의 국립중앙도서관 출판시도서목록(CIP)은 e-CIP홈페이지(http://www.nl.go.kr/
ecip)와 국가자료공동목록시스템(http://www.nl.go.kr/kolisnet)에서 이용하실 수 있습니다.
(CIP제어번호: CIP2012002187)